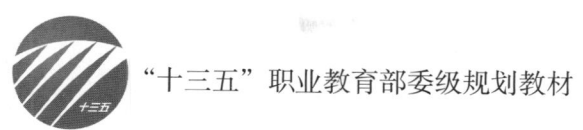

"十三五"职业教育部委级规划教材

成衣设计与立体造型

张承霞 编著

中国纺织出版社有限公司

内 容 提 要

本教材系"十三五"职业教育部委级规划教材。教材中的知识体系搭建采取了"赛、学、研、企"立体多维教学模式,将国家技能大赛要求、教学要求、方法研究、企业岗位技能需求四方面结合起来,以创新、融合、开拓、严谨为原则,以设立设计研发制作项目为主线,将涉及的知识点有机地串联起来,形成逻辑性较强的知识链条。本教材注重实操性、企业化,强调构建多维立体思维模式,全面培养学生素质与综合设计能力,以适应当代服装行业高速发展对人才的要求。

图书在版编目（CIP）数据

成衣设计与立体造型 / 张承霞编著. -- 北京：中国纺织出版社有限公司, 2020.11

"十三五"职业教育部委级规划教材

ISBN 978-7-5180-8010-6

Ⅰ. ①成… Ⅱ. ①张… Ⅲ. ①服装设计 – 造型设计 – 高等职业教育 – 教材 Ⅳ. ① TS941.2

中国版本图书馆 CIP 数据核字（2020）第 200307 号

责任编辑：郭 沫　责任校对：楼旭红　责任印制：何 建

中国纺织出版社有限公司出版发行
地址：北京市朝阳区百子湾东里A407号楼　邮政编码：100124
销售电话：010—67004422　传真：010—87155801
http://www.c-textilep.com
E-mail：faxing@c-textilep.com
中国纺织出版社天猫旗舰店
官方微博 http://weibo.com/2119887771
北京云浩印刷有限责任公司印刷　各地新华书店经销
2020年11月第1版第1次印刷
开本：787×1092　1/16　印张：11.75
字数：180千字　定价：59.80元

凡购本书，如有缺页、倒页、脱页，由本社图书营销中心调换

前言

2000年以后，国内服装品牌遇到了前所未有的机遇，如雨后春笋般快速成长、成熟起来，不论女装品牌还是男装、童装品牌，服装的原创设计性越来越高，对服装设计师的能力要求也越来越全面。

国内服装专业技术类教材普遍将设计部分与立体裁剪部分分别教授，服装从业者往往会有某一方面的知识技能比较强，服装设计师对服装结构板型不够了解、制板师对设计与线条美感知识不足，影响工作质量与工作效率。服装设计师与服装制板师在知识构建上缺乏系统、深入沟通，侧重点不是纯粹画图，就是在纯粹制板。因此，在服装教学中，知识结构的贯穿、互通上需要进一步尝试新的教学方法。

本教材力求跟上时代的发展脚步，注重设计师与制板师知识、能力、素质协调发展，尤其强调设计师立体裁剪能力的发展。教材中的知识体系搭建采取了"赛、学、研、企"立体多维教学模式，将国家技能大赛要求、教学要求、方法研究、企业岗位技能需求四方面结合起来，以创新、融合、开拓、严谨为原则，以设立设计研发制作项目为主线，将涉及的知识点有机地串联起来，形成逻辑性较强的知识链条。本教材注重实操性、企业化，强调构建多维立体思维模式，同时配套实操的图片、PPT操作流程示意图等，为学生提供课上系统学习与课下碎片化时间学习机会，全面培养学生素质与综合设计能力，以适应当代服装行业高速发展对人才的要求。

本教材依托校级课题"多维立体教学模式——以成衣设计与立体造型课程为例"，结合作者多年的本课程教学经验，以及多次参与指导学生参加省级、国家级职业技能大赛的知识积累与感悟编写此教材，素材内容包含参赛学生谢远珍、唐康权等的作品，计算机绘图、立体裁剪技巧也借鉴各培训机构同行们的宝贵经验，特此感谢。

由于作者知识所限，编写时间仓促，书中难免有不足之处，肯请服装行业的各位专家学者、从业人员给予批评指正，使此教材更加优化、完善。

编著者

2020年6月 于中山

教学整体设计与课时安排

序号	学习任务（单元、模块）	课程内容	课时
模块一	女套装设计与效果图表现（10课时）	项目一　运用Adobe Photoshop软件绘制人体比例与线稿	2
		项目二　女套装特点与款式设计	4
		项目三　运用Adobe Photoshop软件绘制女套装款式效果图	4
模块二	礼服设计与效果图表现（10课时）	项目一　运用SAI、Adobe Photoshop软件表达人体动态、服装线条、色彩与面料	2
		项目二　礼服款式分类与设计方法	4
		项目三　运用Adobe Photoshop软件绘制礼服款式效果图	4
模块三	女套装款式拓展与平面款式图表现（10课时）	项目一　运用CorelDRAW软件绘制女套装基础平面款式图	2
		项目二　女套装款式与结构线设计	4
		项目三　运用CorelDRAW、Adobe Photoshop软件表达女套装系列款式拓展设计及平面款式图	4
模块四	礼服款式拓展与结构图表现（10课时）	项目一　运用Adobe Illustrator软件绘制礼服基础廓型	2
		项目二　礼服款式设计要点与系列拓展	4
		项目三　运用CorelDRAW、Adobe Photoshop软件表达礼服系列款式拓展设计及平面款式图	4
模块五	女套装基础立体造型（24课时）	项目一　立体造型工具与材料、人体模型标记与立裁针法	4
		项目二　衣身原型变化胸腰省道构成	4
		项目三　胸省位移立体造型褶裥制作	4
		项目四　领子的立体造型	4
		项目五　上装立体造型款式	4
		项目六　裙装立体造型	4
附录	学生作品赏析（8课时）	设计两款女装，绘制彩色效果图，拓展一系列三款女装，绘制平面款式图，制作其中一款立体造型	8

注：各院可根据自身的教学特点和教学计划对课程时数进行调整。

目录

模块一　女套装设计与效果图表现 ···001
　　项目一　运用Adobe Photoshop软件绘制人体比例与线稿 ·····································001
　　　　一、设备准备 ··001
　　　　二、人体绘制比例与线稿描绘 ··006
　　项目二　女套装特点与款式设计 ···014
　　　　一、女套装特点 ··014
　　　　二、女套装款式设计 ··014
　　项目三　运用Adobe Photoshop软件绘制女套装款式效果图 ································019
　　　　一、女西装领时尚套装 ··019
　　　　二、女翻领双排扣时尚套装案例二 ··026

模块二　礼服设计与效果图表现 ···031
　　项目一　运用SAI、Adobe Photoshop软件表达人体动态、
　　　　　　服装线条、色彩与面料 ··031
　　　　一、SAI软件绘制礼服效果图线稿 ··031
　　　　二、Adobe Photoshop软件上色及处理面料效果 ··034
　　项目二　礼服款式分类与设计方法 ··039
　　　　一、礼服的分类 ··039
　　　　二、礼服的设计 ··041
　　项目三　运用Adobe Photoshop软件绘制礼服款式效果图 ···································046
　　　　一、礼服计算机绘制设计表达案例——Adobe Photoshop软件 ·····················046
　　　　二、礼服色彩搭配、面料表现——Adobe Photoshop软件 ····························047
　　　　三、礼服计算机绘制设计表达案例二——Adobe Photoshop、SAI软件 ·······053

模块三　女套装款式拓展与平面款式图表现 ··065
　　项目一　运用CorelDRAW软件绘制女套装基础平面款式图 ·································065
　　　　一、设备准备 ··065
　　　　二、女套装基础平面款式图绘制——CorelDRAW软件 ·································068
　　项目二　女套装款式与结构线设计 ···076

一、案例一　　收腰双排扣西装外套 ……………………………………076
　　二、案例二　　断腰收褶西装外套 ………………………………………077
　　三、案例三　　直驳头单排扣西装外套 …………………………………077
　　四、案例四　　立领翘肩西装外套 ………………………………………078
　　五、案例五　　创意西装外套 ……………………………………………078
　项目三　运用CorelDRAW、Adobe Photoshop软件表达女套装系列款式拓展设计及
　　　　　平面款式图 ……………………………………………………………081
　　一、绘制女套装系列款式拓展图 …………………………………………081
　　二、女套装排版设计 ………………………………………………………087

模块四　礼服款式拓展与结构图表现 ……………………………………………091
　项目一　运用Adobe Illustrator软件绘制礼服基础廓型 ……………………091
　　一、快速搭建女性人体模板——Adobe Illustrator软件 ………………091
　　二、礼服基础廓型绘制表达——Adobe Illustrator软件 ………………093
　项目二　礼服款式设计要点与系列拓展 ……………………………………099
　　一、礼服款式设计要点 ……………………………………………………099
　　二、礼服系列拓展 …………………………………………………………100
　项目三　运用CorelDRAW、Adobe Photoshop软件表达礼服系列款式拓展设计及
　　　　　平面款式图 ……………………………………………………………105
　　一、礼服款式结构设计及表达——CorelDRAW软件 …………………105
　　二、礼服面料设计填充与排版设计——Adobe Photoshop软件 ………113

模块五　女套装基础立体造型 ………………………………………………………120
　项目一　立体造型工具与材料、人体模型标记与立裁针法 ………………120
　　一、立体造型工具与材料 …………………………………………………120
　　二、人台的贴线 ……………………………………………………………121
　　三、立裁针法操作步骤 ……………………………………………………122
　项目二　衣身原型变化胸腰省道构成 ………………………………………124
　　一、原型变化款式 …………………………………………………………124
　　二、操作步骤与要求 ………………………………………………………124
　项目三　胸省位移立体造型褶裥制作 ………………………………………127
　　一、前身褶裥立体造型制作 ………………………………………………127
　　二、操作步骤与要求 ………………………………………………………127

项目四　领子的立体造型 ……………………………………………………… 131
一、领子的立体造型 …………………………………………………… 131
二、操作步骤与要求 …………………………………………………… 131

项目五　上装立体造型款式 ……………………………………………… 138
一、大连翻领女装上衣 ………………………………………………… 138
二、操作步骤与要求 …………………………………………………… 138

项目六　裙装立体造型 …………………………………………………… 147
一、中腰育克小喇叭合体裙 …………………………………………… 147
二、操作步骤与要求 …………………………………………………… 147

参考文献 …………………………………………………………………… 152

附录　学生作品赏析 ……………………………………………………… 153

模块一　女套装设计与效果图表现

项目一　运用Adobe Photoshop软件绘制人体比例与线稿

上课时数：2课时

能力目标：通过教学，使学生掌握Adobe Photoshop软件绘制人体结构图的方法

知识目标：Adobe Photoshop软件中的基础工具使用方法，准确表达出人体比例结构

重　　点：软件人体模特的绘制步骤及方法

难　　点：人体比例与工具使用

课前准备：查阅有关人体比例的时装画书籍，熟悉手绘板的运用

一、设备准备

1. 计算机绘图的基本软件与工具

目前比较常用的计算机绘制时装画软件：Adobe Photoshop（图1-1）、Easy Paint Tool SAI（SAI）（图1-2），二者都适合外接手绘板进行计算机绘制时装效果图或者插画的创作。

计算机绘制效果图优势明显，因为软件中虚拟画笔丰富，现实中的绘画工具基本可以在软件中找到对应的虚拟画笔；可以实现现实画纸中难以达到的绘画机理效果，使画面丰富，有更多创新的可能；与现实绘画比较，计算机绘制纸张大小、清晰度设置方便，收藏、保存、分享、交流方便，更好地适应了现代生活的节奏，提高绘画效率（图1-3、图1-4）。

 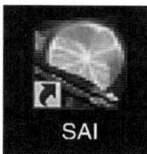

图1-1　Adobe Photoshop　　图1-2　Easy Paint Tool SAI

图1-3　Adobe Photoshop界面

图1-4　SAI界面

2. Adobe Photoshop软件常规设置

（1）新建文件。Adobe Photoshop软件新建文件的格式命令，分别为预设、大小、宽度、高度、分辨率、颜色格式、背景内容等，其中预设、大小是指绘制纸张的大小，可以用预设里的国际标准纸张A4纸，也可以在高度与宽度中自主设置大小。分辨率主要是确定画面的清晰程度，分辨率越高，画面的清晰度越高，同样需要计算机的相应配置越高。一般绘制时装画时，普通A4规格纸张对应的分辨率为200~300dpi，高清时装画则需要300~400dpi的分辨率（图1-5）。

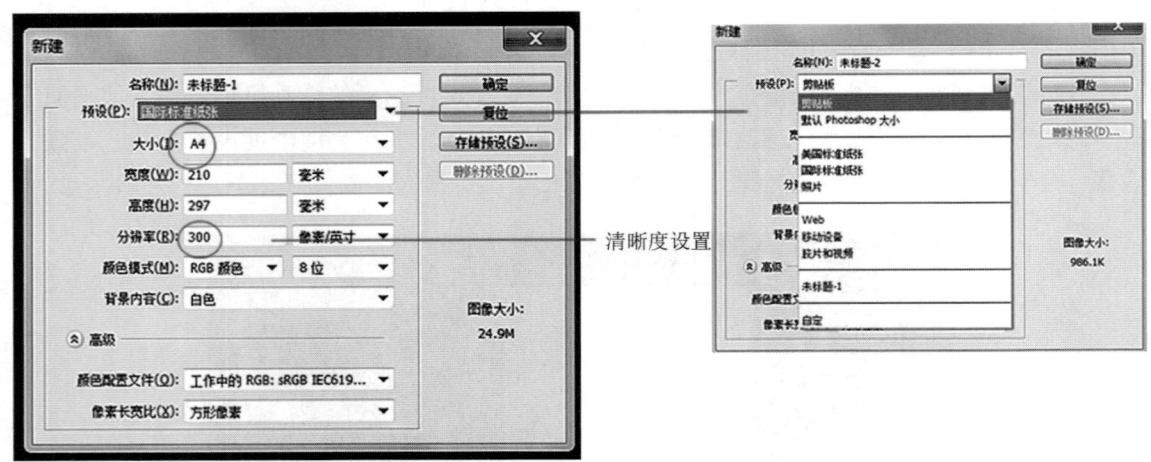

图1-5　新建文件的设置

（2）画笔工具。Adobe Photoshop软件里的画笔工具是绘制时装画的核心工具。如图1-6所示，第一排是基础笔刷，每一个笔刷的绘制效果都不同。①、②号笔刷是平笔头，没有笔杆压力或者笔锋；③、④号笔刷有笔杆压力，使用手绘板时主要使用这两种画笔绘制线条和细节上色；⑤、⑥号笔刷有透明度变化，线条色彩有浓淡的变化。其他画笔工具也可以逐个打开尝试，会有不同的肌理效果（图1-7）。

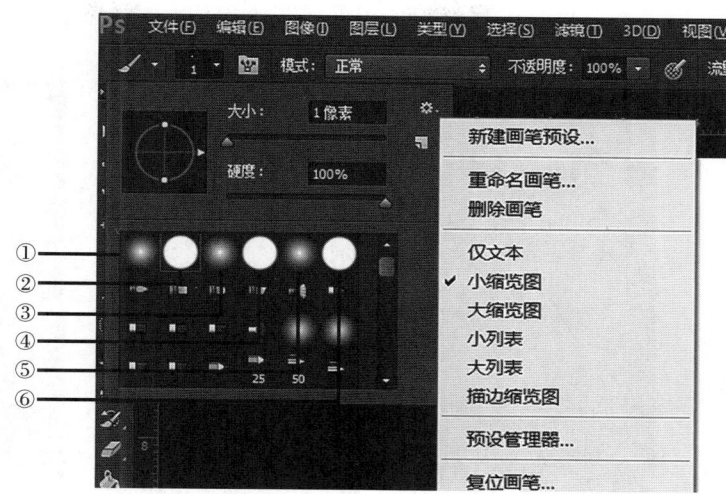

图1-6　Adobe Photoshop画笔工具

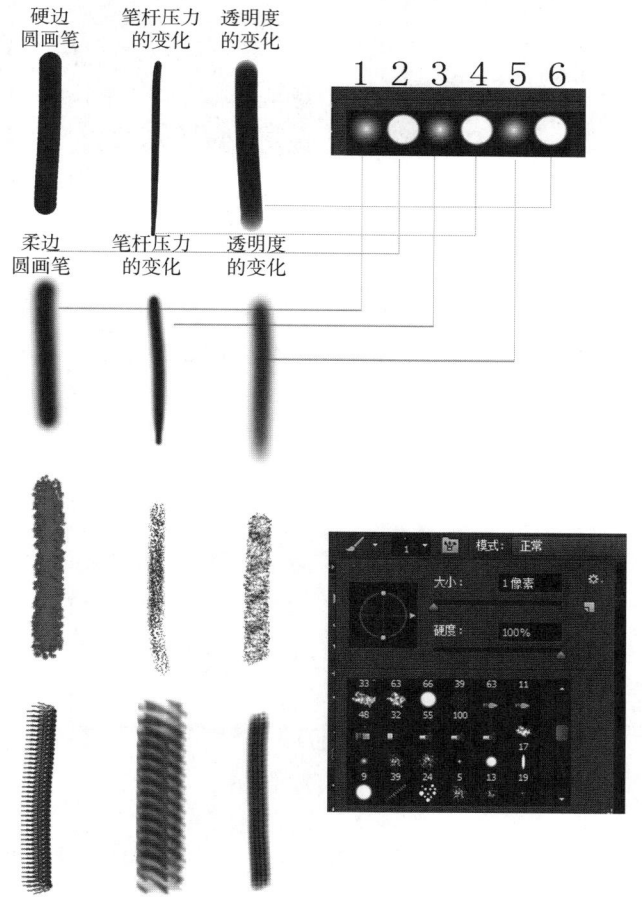

图1-7　Adobe Photoshop画笔工具

（3）画笔预设。Adobe Photoshop软件里选择画笔工具后，可以打开画笔预设对话框，通过对画笔预设的设置改变画笔的形状、粗细大小、间距、传递、散布等数值，以达到预想设计效果的目的，这些工具在后面项目案例中会详细说明（图1-8）。

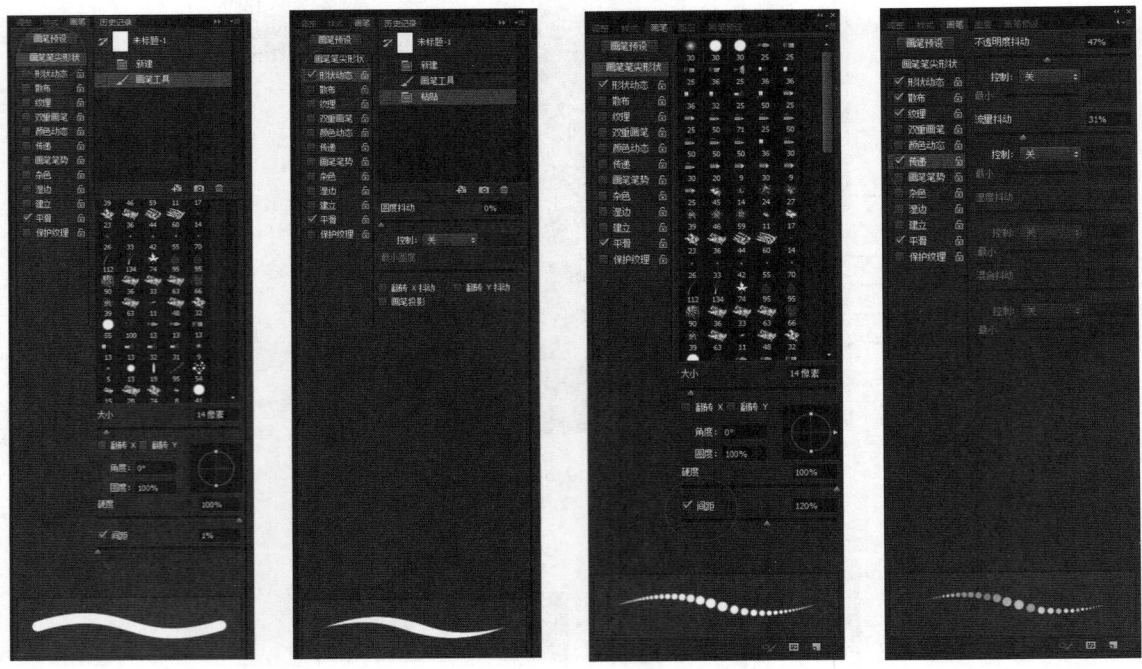

图1-8　Adobe Photoshop画笔工具预设

3. SAI软件常规设置

（1）SAI软件的纸张设置与Adobe Photoshop类似，主要设置纸张大小与分辨率大小（图1-9）。这个软件比较轻巧，不用安装，虽然功能没有Adobe Photoshop那么丰富和强大，但是工具集中简洁，使用方便，占用计算机空间小；绘画工具主要有素描铅笔、铅笔、水彩笔等，另外钢笔工具也可以绘制服装结构线稿。

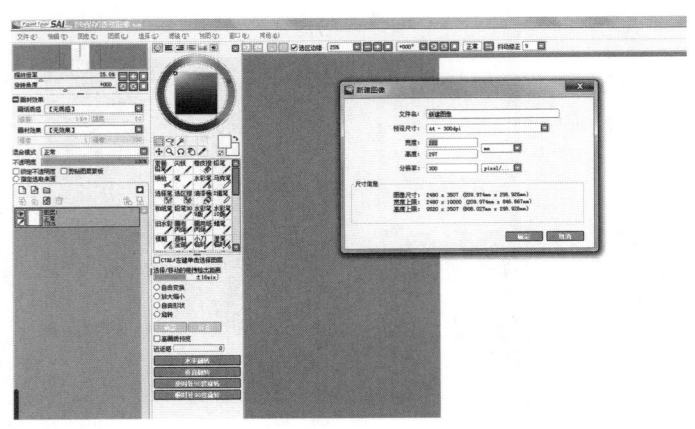

图1-9　SAI软件新建文件

（2）SAI软件的界面简洁、清晰、明了。左上可以将画面放大或缩小，查找相关细节的位置；下方是纸张肌理的设置；左侧最下方是与Adobe Photoshop类似的图层面板，可以新建图层，可以调整图层的透明度；第二竖排分别是调色板、常用基础工具（选取、套锁、魔棒、移动、放大镜等）、工具框、笔头形状设置、画笔大小设置等（图1-10）。界面上排的抖动修正（图1-11），主要是在使用手绘板时，调整线条的流畅程度，其数值越大越能帮助修正线条。初学者可以把这个数值调整到最大，然后随着熟练程度增强数值减小。

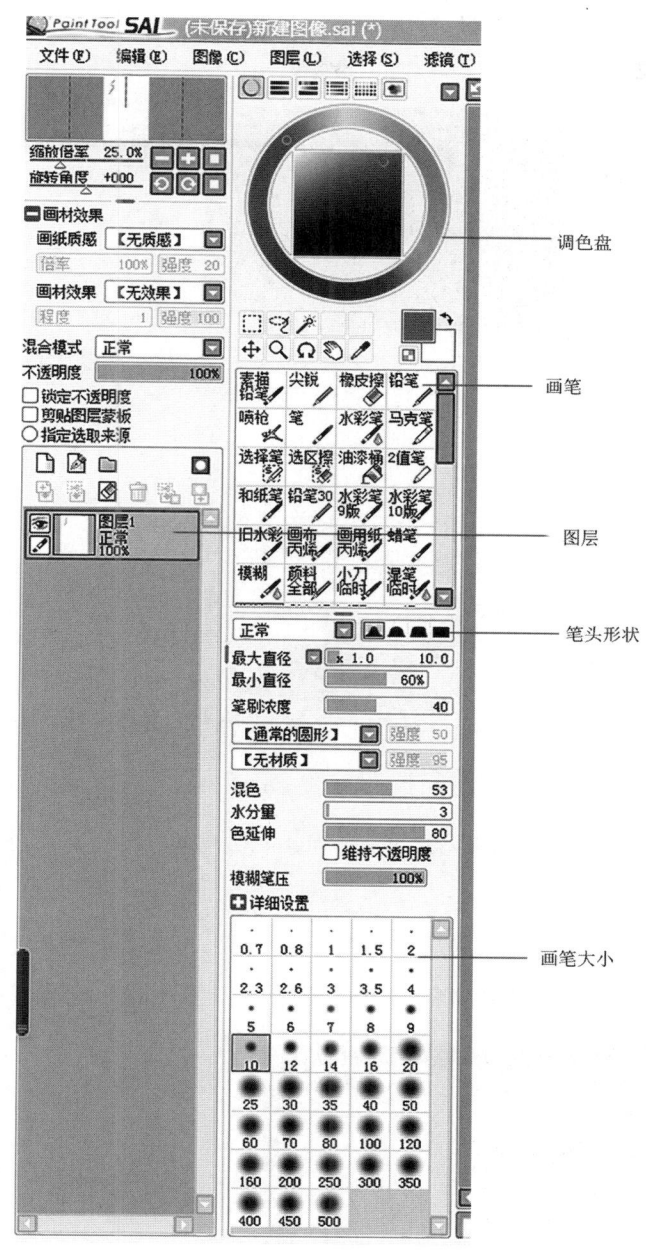

图1-10　SAI软件工具界面

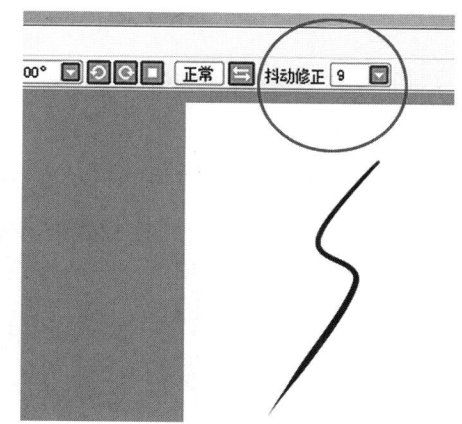

图1-11　SAI软件画笔抖动

4. 数码绘画（计算机绘制）基本配置

数码绘画所需的基本工具有配置较高的计算机、数位板（图1-12、图1-13）、数位屏（图1-14、图1-15）等。数位板可以根据实际情况购置。在使用时，有些数位板需要在计算机上安装手绘板驱动，有些不需要。安装驱动后，打开Adobe Photoshop和SAI软件，若光标可以跟着笔尖移动，在纸上绘制的线条有粗细变化，就可以正常使用了。

图1-12　Wacom ctl-672数位板　　　　图1-13　影拓pro数位板

图1-14　高漫GM320数位屏　　　　图1-15　Wacom dtk1661数位屏

二、人体绘制比例与线稿描绘

1. 纸张设置

设置纸张大小为A3（29.7cm×42cm），分辨率为200~300dpi，背景内容为白色（图1-16）。

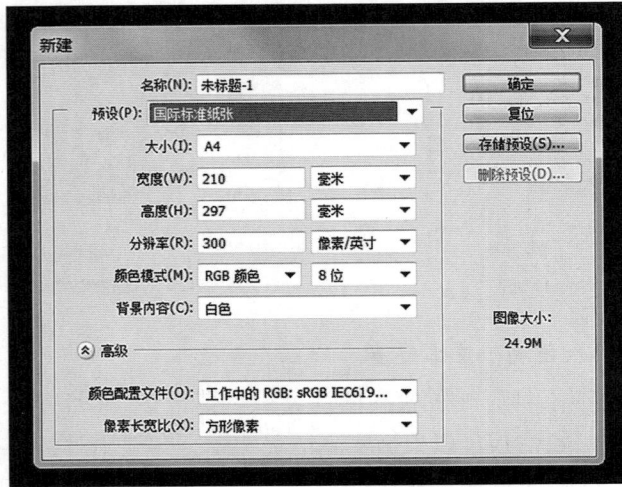

图1-16　纸张设置

2. 绘制中心线

新建图层1，点击【画笔工具】，选择硬边圆压力大小画笔，大小设置为2~4像素。在画布上方居中选一点，按Shift同时向下拖动鼠标画垂直线，作为人体的中心线（图1-17）。

图1-17　绘制中心线

3. 比例分配

将中心线平分为九等份，分别画出头部、腰部、臀部的位置及宽度。点击【画笔工具】，画笔为硬边圆压力大小，笔的大小设置为2~4像素，色彩为黑色。新建图层，按住Shift键同时横向拖动鼠标画短线。按住Alt键，左键拖动短线进行复制，复制九条线，先设置好最上和最下的短线位置，按Shift键同时选取短线图层，在属性栏点击【左对齐】，点击【垂直居中分布】，如图1-18所示，完成9头比例框架图。

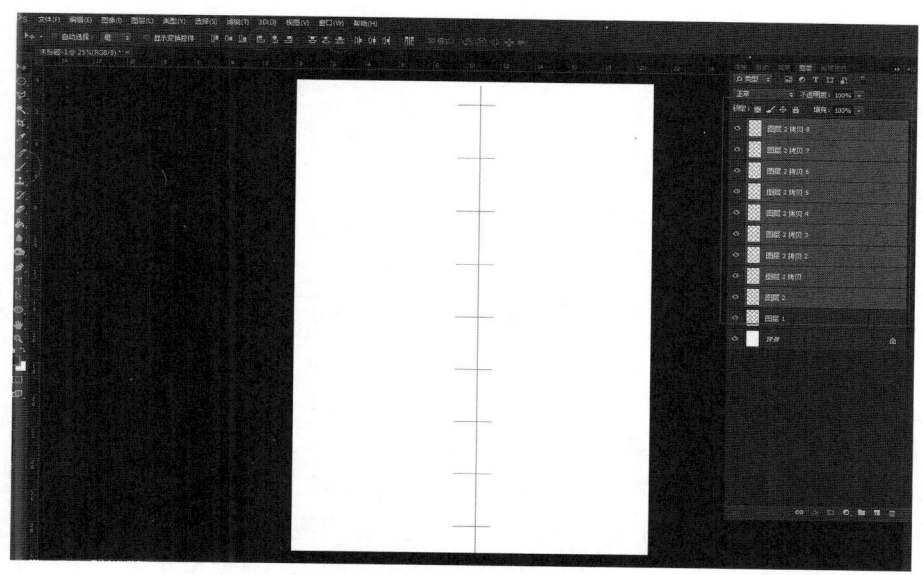

图1-18　比例分配

4. 确定主要躯干比例结构点

确定头长后，脖子长度为1/3头长，肩宽为两个头宽，在脖子长度1/2位取点，绘制至肩点的斜线，作为肩斜参照位，腰宽为一个头长，腰围线的位置是在第三个头长的位置，臀部1/4的位置为胯骨高点（图1-19、图1-20）。

5. 确定四肢比例结构并绘制

手臂肘位与腰围线位置平齐，肩关节一半在躯干肩部外侧，一半在内侧，手长为3/4头长，手尖点到大腿外侧1/2处，一般腿长是四个头长，根据时装画的需要可以略拉长腿部长度至4个半至5个头长，膝关节在中间略偏上的位置，脚为一个头长（图1-21、图1-22）。

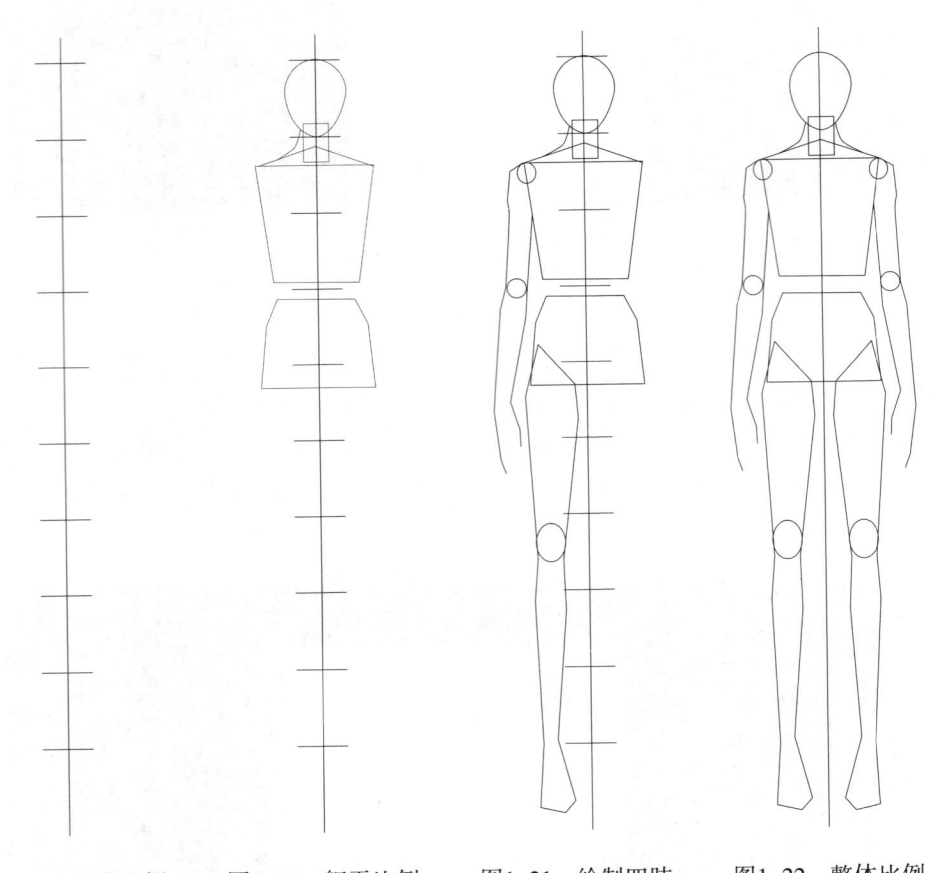

图1-19　九头比例　　图1-20　躯干比例　　图1-21　绘制四肢　　图1-22　整体比例

6. 基本比例绘制使用的工具

基本比例的绘制主要使用矩形工具（图1-23）、椭圆工具（图1-24）和钢笔工具（图1-25），在属性栏点击【形状】选择【路径】，绘制路径线条完成后，单击右键，选择【描边路径】，工具选择画笔（画笔工具要预先设置好粗细大小和画笔笔头）（图1-26），最后点击确定，完成线条绘制。

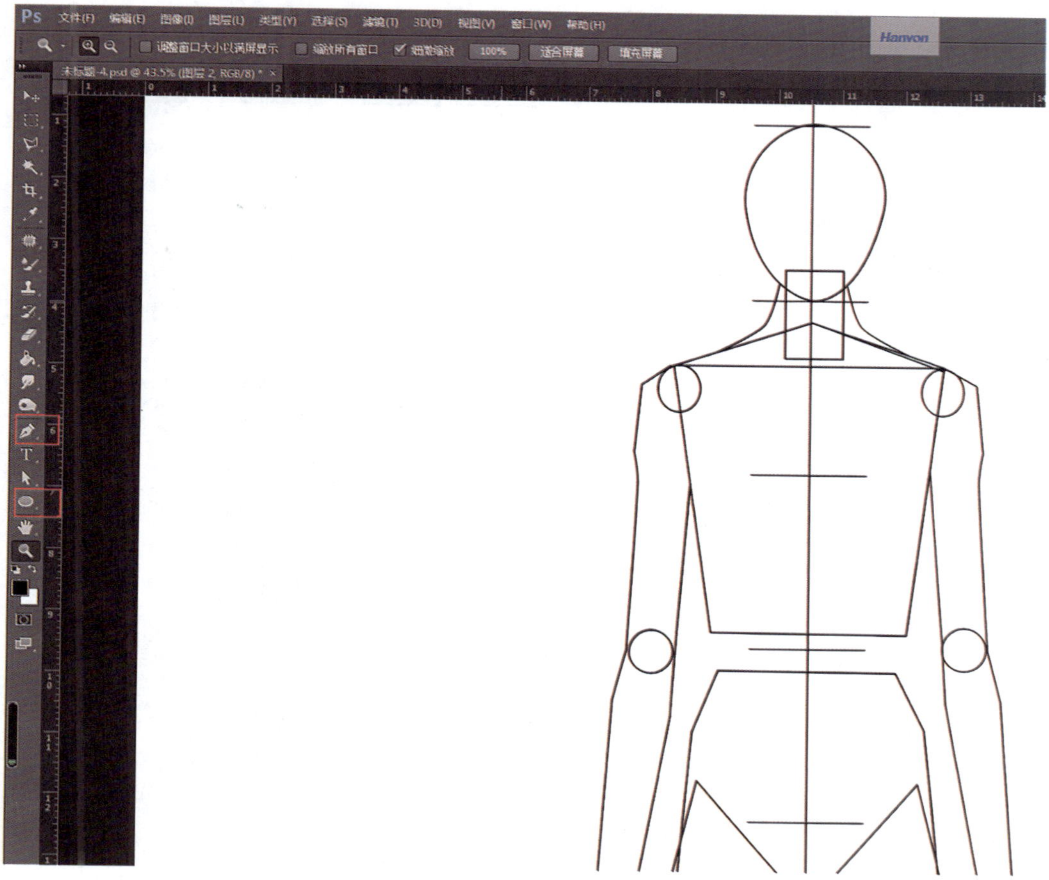

图1-23　矩形工具

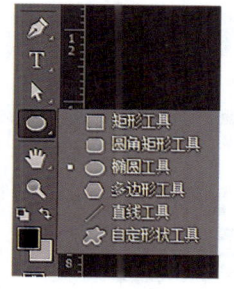

图1-24　椭圆工具

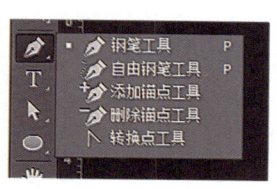

图1-25　钢笔工具

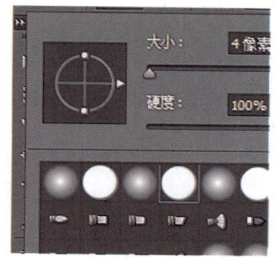

图1-26　画笔工具

7. 钢笔工具

　　钢笔工具的属性栏中选择【路径】（图1-27），绘制矩形框，单击右键选择【描边路径】，工具选择画笔（图1-28）。按着Ctrl键点击路径节点，可以切换到选择节点工具，可以调整节点手杆的长度和线条的弧度，也可以移动节点（图1-29）；按着Alt键可以切换到转换点工具，线条可以收起一端手杆，实现线条转角效果。

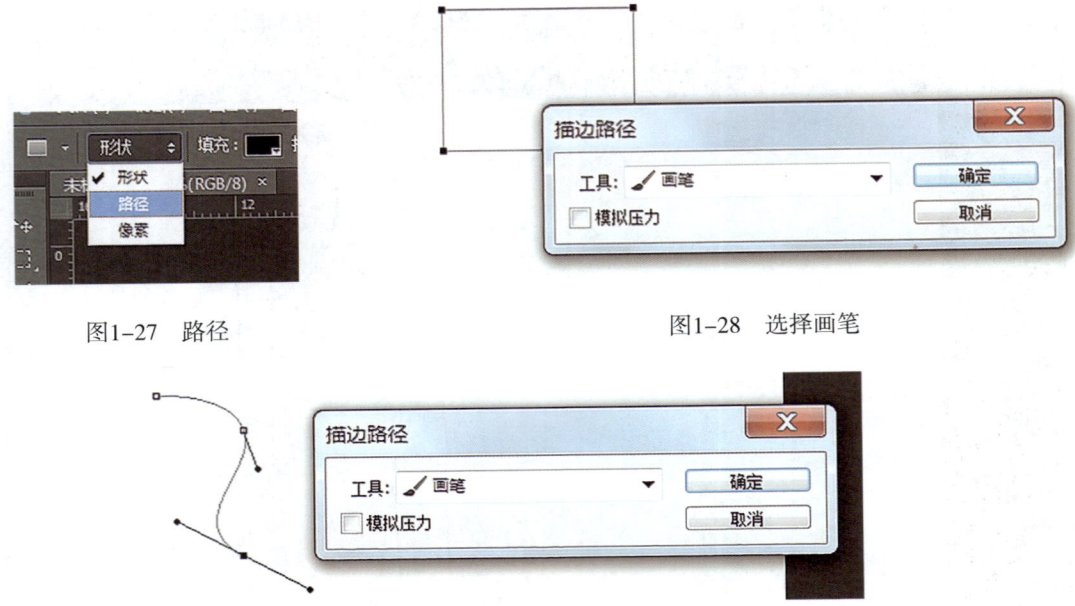

图1-27 路径　　　　　　　　图1-28 选择画笔

图1-29 移动节点

8. 电子手绘板压力笔设置

Adobe Photoshop软件使用画笔工具的硬边圆压力大小，能够使画笔有拖尾手绘效果；SAI软件可以使用素描铅笔工具（图1-30），设置笔刷浓度及笔头大小（图1-31），仿铅笔起稿效果，可以调整图层透明度，使草稿线条颜色变浅（图1-32）。

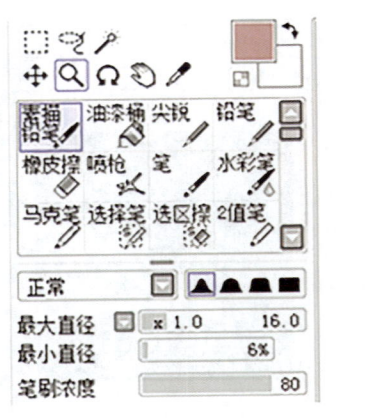 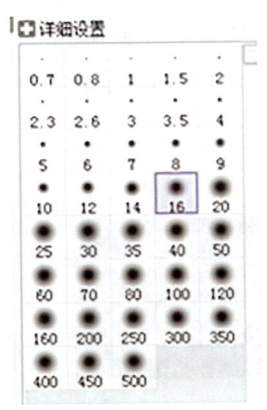 

图1-30 SAI软件铅笔工具　　　图1-31 设置笔刷　　　图1-32 调整图层透明度

9. Adobe Photoshop、SAI软件人体绘制过程

分图层绘制，图层1为比例草稿图（图1-33），图层2为线条初稿（图1-34），图层3为线稿修正图（图1-35）。每一图层绘制后将该图层透明度降低，使线条变淡，方便下一图层的人体绘制。在绘制过程中不断修正线条，完成最终的线稿图，尽量线条流畅，如果中间有断开或者高低起伏，可以用橡皮擦工具擦掉，重新局部绘制。

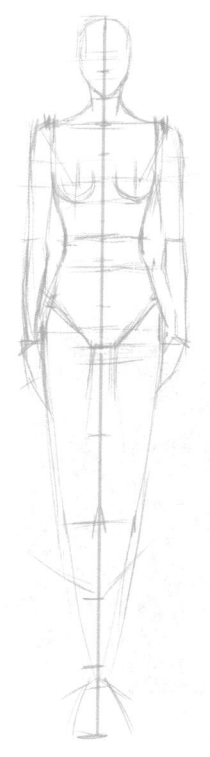 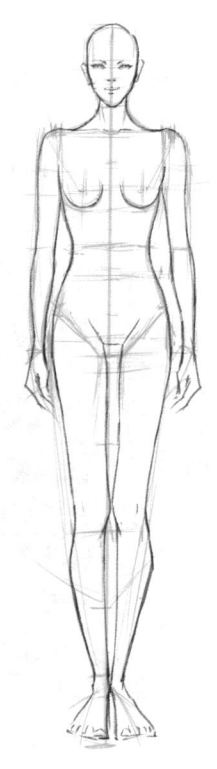 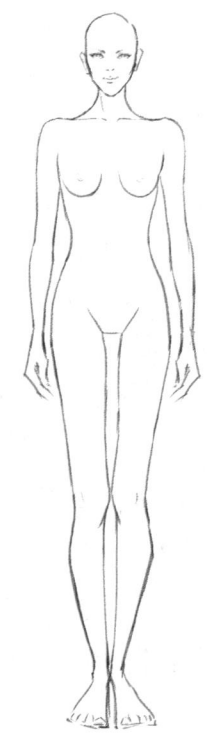

图1-33　比例草稿图　　　　图1-34　线条初稿　　　　图1-35　线稿修正图

10. 动态人体比例

理解躯干与臀部的动态关系。常用的时装画动态可分为直立动态、初级动态（正面的变化动态和正面直行）、走动动态（图1-36）、高级动态（夸张、侧身动态及其他）。

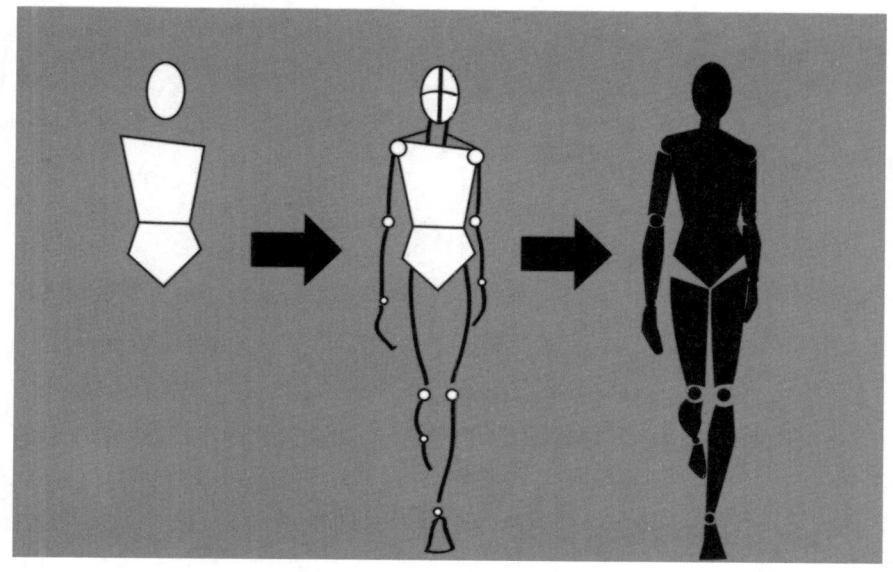

图1-36　走动动态

11. 人体基础明暗关系

在人体结构的基础上绘制明暗关系，使用画笔工具里的硬边圆压力不透明度和柔边圆压力不透明度，调整画笔的流量和不透明度（图1-37）。前者笔触比较有结构感，适合绘制有结构感的部位，参考动态人体一，如鼻梁、眼眶、膝盖骨等位置；后者比较柔和，适合绘制面部的皮肤色、腮红，参考动态人体二。

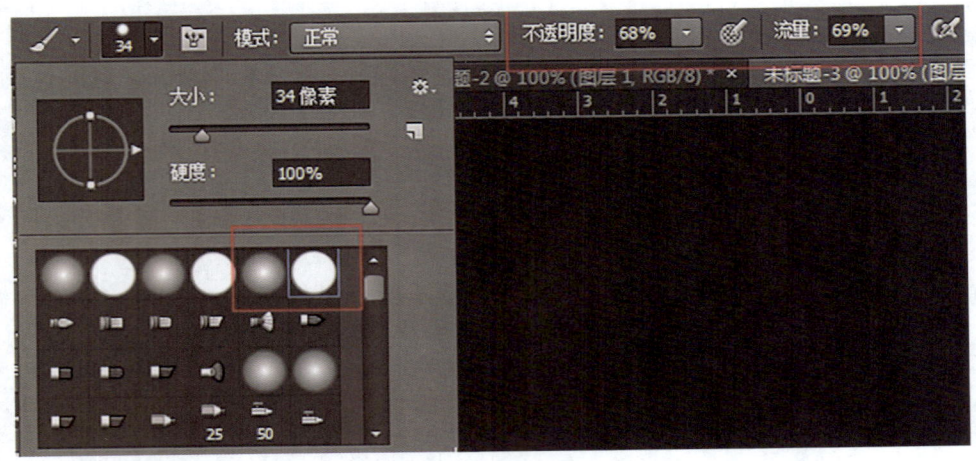

图1-37　调整画笔的流量和不透明度

动态人体一（图1-38~图1-41）：

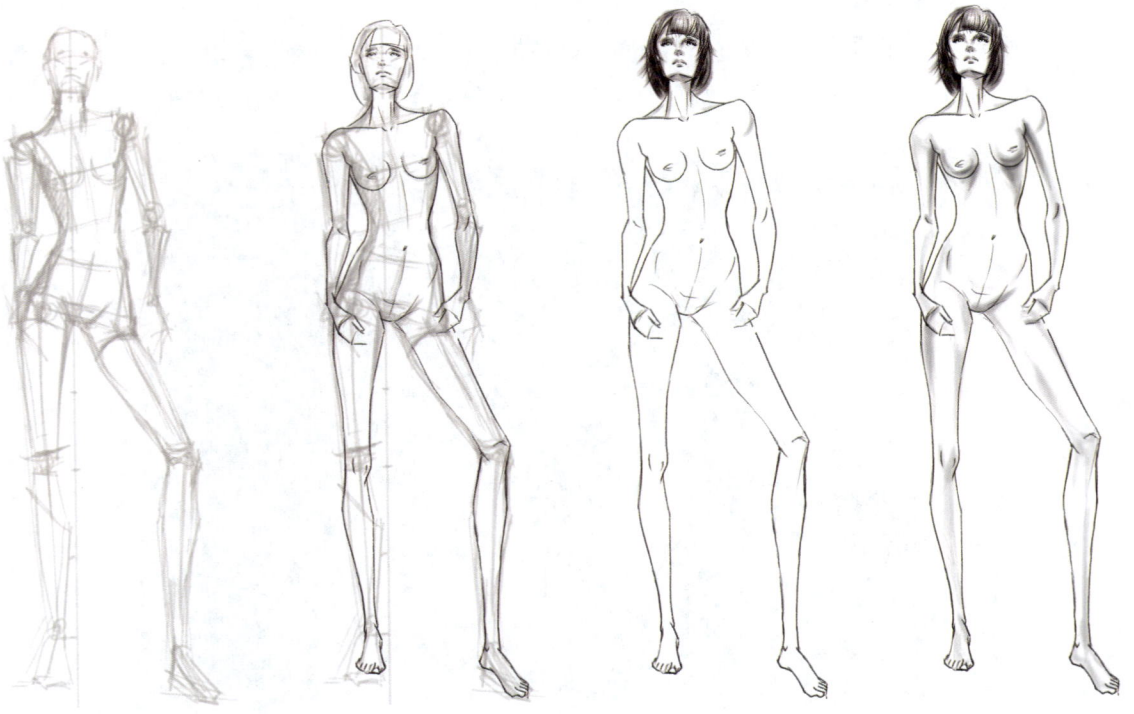

图1-38　比例草稿图　　　图1-39　线条初稿　　　图1-40　线稿修正图　　　图1-41　绘制明暗关系

动态人体二（图1-42~图1-44）：

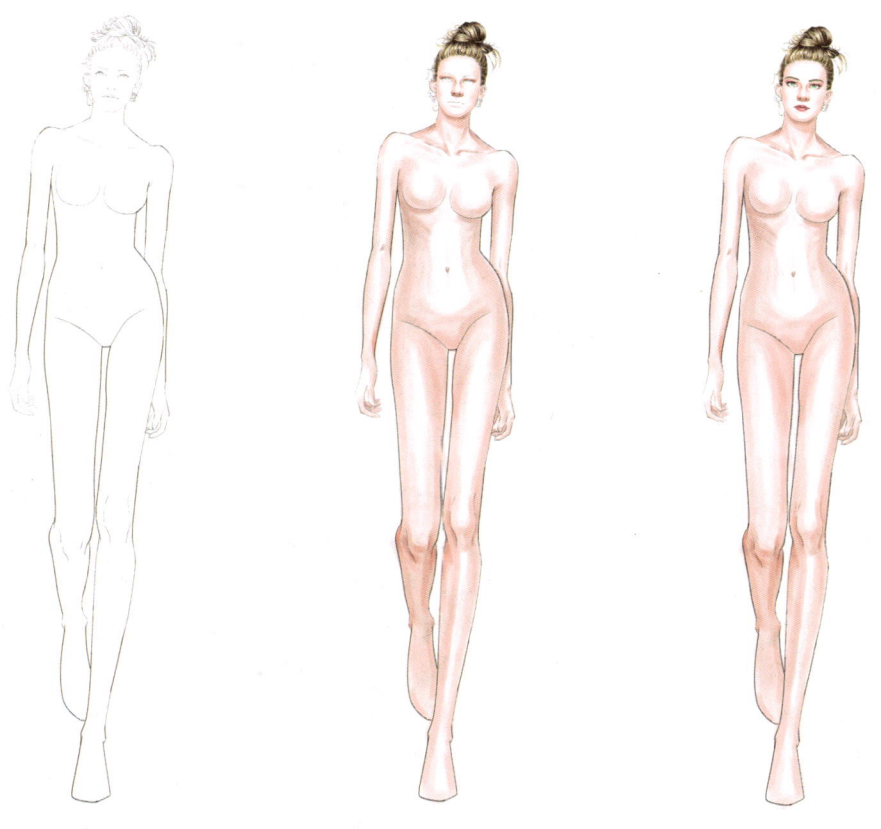

　　图1-42　线条线稿　　　　　图1-43　绘制皮肤色　　　　　图1-44　绘制五官

作业练习：使用计算机绘制人体正面比例图、适合女性人体初级动态动态线稿，要求人体比例准确，线条流畅，有基础明暗结构关系。

项目二　女套装特点与款式设计

上课时数：4课时
能力目标：通过教学，使学生理解和掌握女套装的设计方法，具备一定的创新意识
知识目标：女套装设计点，准确表达出设计意图
重　点：女套装的款式设计
难　点：女套装的廓型结构设计与表现
课前准备：网上查阅下载有关女套装的款式图片，分析女套装款式特点

一、女套装特点

1. 服装款式规范

女套装是女性在职场不同场合选择穿着的服装，着装有一定的规范，女士西服套装一般是西服上衣与裤或西服裙搭配，西服上衣分为单排扣、双排扣，整体以合体廓型为基础，可以在此基础上进行款式变化。一般款式套装是以上衣和下裙（裤）的形式组合，可以使用相同的面料制作套装的上衣与裙子（裤子），套装一般为开襟款式，外轮廓造型明显、挺拔。也可使用不同质地和不同花色的面料制作上下装。上下装可以单独穿着，也可以与其他裙、裤组合搭配。秋冬装以黑色、蓝黑、藏青色为主，春夏为中、短袖浅色系为主。衣长一般适中，在臀围线上下，一般搭配肉色丝袜和深色皮鞋。

2. 服装面料舒适、挺括

职业女装的面料一般选用质地优良的毛呢面料、毛呢混纺面料，不起毛、不起皱，面料平整柔软丰厚，悬垂挺括，手感较好。套装中的上下装通常采用相同面料制作。春、秋正式场合穿着的女套装，多采用弹性、塑形性好的呢绒类面料，如花呢、哔叽、苏格兰呢等，这类毛织物制作的服装造型挺括、风格雅致，能很好体现套装的高雅品位。在较为放松的场合穿着的非正式套装，可采用不同面料的搭配，与时尚化、个性化结合，凸显出新奇别致、独树一格的创意。

3. 服装款式结构简洁

女套装结构设计一般简洁大方，常规结构设计包括刀背缝、公主线、胸腰省、后背中缝、两片西装袖结构等，西装领的常规领型包括直驳头、枪驳头、青果领。

4. 服装配色庄重雅致

正规场合与日常职场穿着的套装以平稳、柔和、协调的色调为主，能显示端庄、优雅的气质。同质、同花、同料设计，搭配色不超过三色。服装色彩搭配要充满知性而不失活力，时尚个性而不张扬，服装色彩不宜过于鲜艳或者灰暗。

二、女套装款式设计

1. 创意结构线设计

在传统结构线设计的基础上进行变化，以线条设计为主。拼接的结构线为实线，有折叠

效果的线条设计为"虚线"。线条设计又可以分为直线、斜线、弧线设计。

（1）弧形分割线设计多以S造型为主，在衣身造型线条（图1-45）和领外口线（图1-46）中设计出连贯流畅的弧形线条。弧线设计包括实线、虚线、折叠结构的变化统一的处理。

（2）后背虚线、实线折叠结构设计，增加了结构的层次感又不失整体造型美感（图1-47）。

（3）断腰、放射腰摆结构设计，运用线条的疏密变化、方向变化增加了结构设计的趣味性（图1-48）。

（4）多省、多褶结构设计，形成放射状、长短线条造型，将腰部多余的布料用折叠的方式整理有序，线条横纵交错，秩序中又有变化（图1-49）。

图1-45　弧形造型线

图1-46　领子弧形造型线

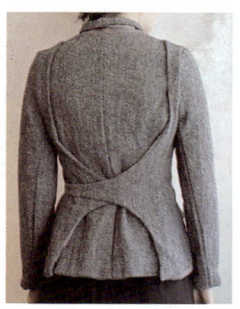
图1-47　后背弧形造型线

图1-48　放射腰省与褶结构

图1-49　多褶裥折叠结构

2. 局部设计的变化与统一

（1）隆起饱满的袖山造型与圆角衣摆的呼应（图1-50）。

（2）多褶宽肩造型运用在肩头做单褶、双褶等，塑造衣袖平直的造型效果（图1-51）。

图1-50　袖山造型

图1-51　宽肩造型

（3）插肩袖造型，肩部与袖口设计贯穿一致，线条流畅（图1-52、图1-53）。
（4）尖角衣袖立体造型与胸上褶结构设计相呼应（图1-54）。
（5）肩袖褶裥的造型结构与袖口、领口弧线相呼应（图1-55）。
（6）波浪袖结构设计（图1-56）、袖口褶浪设计（图1-57）与简约衣身相配合。

图1-52　插肩袖口收褶造型

图1-53　插肩蝴蝶袖口造型

图1-54　尖角袖头造型

图1-55　肩袖褶裥的造型结构

图1-56　波浪袖结构

图1-57　袖口褶浪设计

（7）领口为褶浪设计的荷叶领（图1-58、图1-59）。
（8）变形西装领，运用折叠、错位、双层领等结构设计（图1-60~图1-62）。
（9）连身大翻领设计（图1-63）。

图1-58　领口褶浪设计

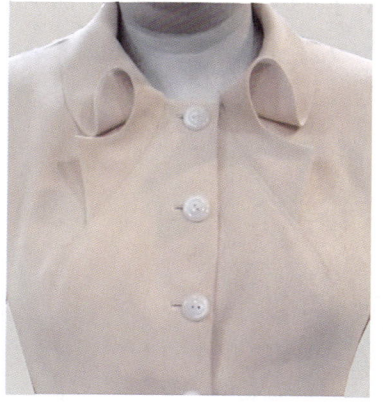

图1-59　领口褶浪设计

图1-60　变形西装领

图1-61　双层西装领

图1-62　变形西装领

图1-63　连身大翻领

（10）女套装门襟下摆设计。门襟为对襟单排扣直角摆、单排扣斜角摆、双排扣设计、圆角摆设计等。

（11）创意下摆设计。连门襟褶浪下摆（图1-64）、波浪下摆（图1-65）、工字褶下摆（图1-66、图1-67）、立体造型下摆（图1-68）、曲面折叠下摆（图1-69、图1-70）设计等。

图1-64　连门襟褶浪下摆

图1-65　波浪下摆

图1-66　工字褶下摆

图1-67　工字褶下摆

图1-68　立体造型下摆

图1-69　曲面折叠下摆

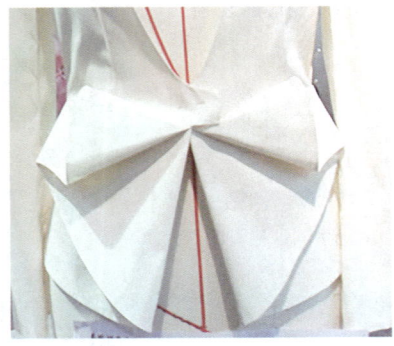
图1-70　曲面折叠下摆

作业练习：手绘设计女套装款式五款，设定两个套装款式设计亮点，整体造型时尚美观，线条简洁大方。

项目三　运用 Adobe Photoshop 软件绘制女套装款式效果图

上课时数：4课时

能力目标：通过教学，使学生掌握Adobe Photoshop软件绘制服装效果图的方法，效果图表达要完善，有一定的创新意识

知识目标：灵活配合使用Adobe Photoshop软件中的工具，准确表达出设计意图

重　　点：女套装效果图的绘制步骤及方法

难　　点：女套装的廓型结构及细节的线条表现

课前准备：练习并熟练手绘板的运用，合理表达款式线条

一、女西装领时尚套装

1. 绘制人体动态模板

打开Adobe Photoshop软件，新建文件纸张大小设置为A4，分辨率为400dpi。打开一张动态参考图（图1-71），按Ctrl+A全选，运用Ctrl+C、Ctrl+V快捷键快速复制粘贴动态参考图。按住Shift键等比例放大参考图至纸面大小。在参考图上新建一个图层，画出垂直竖线和平均分布的横线，为九个半头。将参考人体在膝盖处断开，分别拉长大腿下部和小腿上部，再次对合，上身比例不变，脚适当拉长，工具使用Ctrl+T变形工具（图1-72）。

图1-71　动态参考图

图1-72　人体拉长至九个半头

（1）使用矩形选框工具，选取膝盖以下的位置，点击"Ctrl+X"剪切，点击"Ctrl+V"粘贴，脚底对齐线。

（2）用矩形选框工具选取膝盖至小腿的位置，点击"Ctrl+T"变形工具，将小腿膝盖位置向上拉伸。

（3）用同样方法将大腿中至膝盖位置向下拉伸，上下膝盖位置对合，完成腿部拉长的步骤。

2. 更换头部造型

打开一张头部造型参考图片（图1-73），将图片复制到动态图人体头部位置覆盖原来头部，注意更换后的头部与人体动态方向、大小比例、与脖子衔接的位置一致（图1-74）。

图1-73　头部造型参考图　　　　　图1-74　覆盖原头部

3. 绘制人体线条

新建图层，将参考图片的透明度降低（图1-75），使用画笔工具里的硬边圆压力大小笔刷，在新的图层里绘制人体动态线稿，长线条的绘制可使用钢笔工具。头部画笔线条偏细，人体线条略粗。图层较多的情况下，可以创建新组，把相关图层拖进组里，给每一个组命名，方便图层管理（图1-76）。

图1-75　透明度降低　　　　　图1-76　创建新组

4. 动态人体上色

用硬边圆压力不透明笔刷，根据人体结构绘制明暗关系，注意五官与头发的刻画。进行皮肤、头发和五官的上色。皮肤色一般使用柔边圆压力不透明笔刷和硬边圆压力不透明笔刷（图1-77），前者过度自然柔和但缺乏笔触感，不容易体现面部的结构，后者笔触较硬，可以调整画笔的不透明度和流量，使画笔柔和（图1-78~图1-80）。

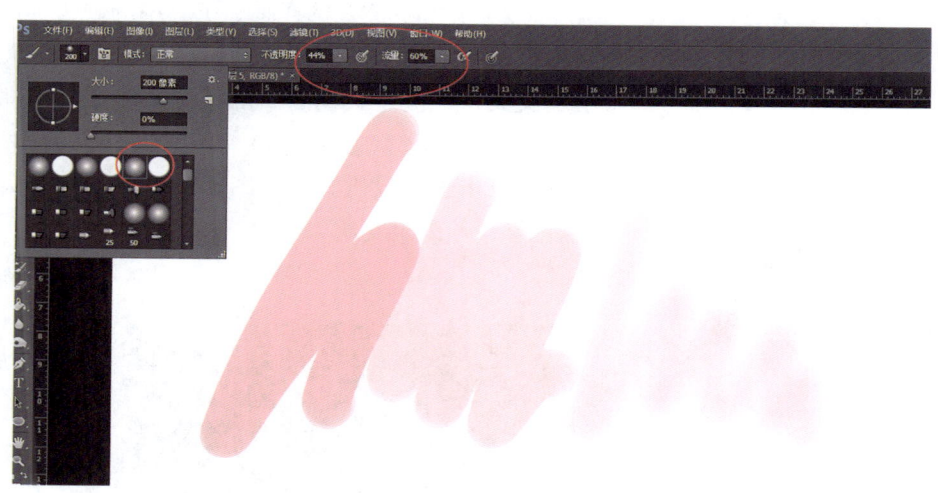

图1-77　硬边圆压力不透明画笔

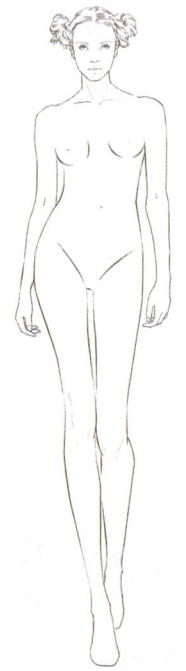 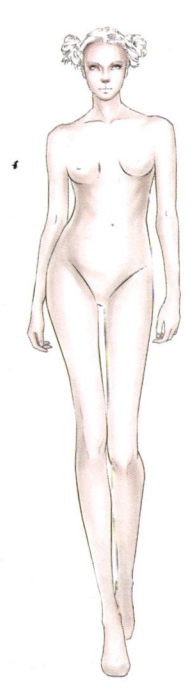 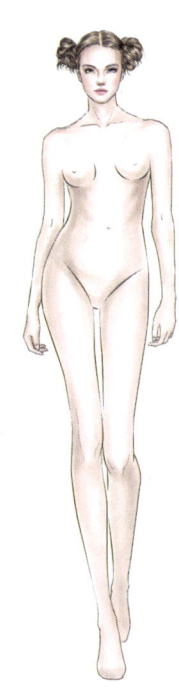

图1-78　绘制人体线稿　　　　　图1-79　上皮肤底色　　　　　图1-80　绘制皮肤明暗

图1-81　绘制面部结构

（1）绘制面部结构。选择画笔工具中的硬边圆压力不透明度笔刷，其效果类似于淡彩。为了色彩过渡自然，按住Alt键可以快速吸取画中的过渡色，使色彩过渡柔和（图1-81）。调整笔刷的透明度至60%~70%，流量调整30%~40%，在两颊绘制淡淡的腮红效果。

（2）头发上色。选择画笔工具中的硬边圆压力不透明度笔刷，使用大笔刷按照头发丝的方向画出大致的明暗层次关系，注意头发的暗部区域主要在发根部位及各层之间的交汇处（图1-82）。绘制头发丝的时候，在属性栏里点击【预设压力】（图1-83），将画笔大小调制1~2像素，勾画出发丝。

图1-82　绘制头发色彩

图1-83　预设压力

（3）五官的绘制。眼睛的绘制分为眼球玻璃体、瞳孔、高光等部分。眼球部分有1/3是被上眼睑遮盖住的，因此在上侧的眼球上有较暗的阴影；下侧的玻璃体有反光；瞳孔位置用最深的黑色圆形表示；最后绘制高光和眼球白色部分，用浅灰色画出眼白部分的暗部，细节部分可以用【加深工具】和【减淡工具】处理一下明暗关系（图1-84、图1-85）。嘴巴的体积感主要通过唇缝的暗色处理和下唇弧形的亮部处理来体现。眉毛的绘制要注意整体性，可以用【涂抹工具】扫出眉毛主流末端的走势（图1-86）。鼻子绘制的重点主要是鼻梁的高度、鼻头的体积感和鼻子底部的结构。

图1-84　五官的绘制

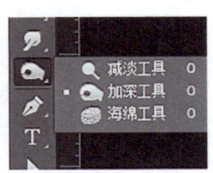

图1-85　加深减淡工具

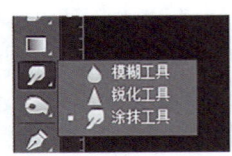

图1-86　涂抹工具

5. 绘制服装款式结构

新建图层。绘制套装风格的服装时要注意，这类服装的结构线相对比较平直。同时也要注意服装与人体之间的关系，领口要环绕脖子，套装的肩头为比较饱满的圆肩，袖子与手臂之间要有一定的宽松量（图1-87、图1-88）。将【套锁工具】和【钢笔工具】结合使用（图1-89、图1-90），分别在不同图层上勾选出上衣轮廓和裙子的轮廓后，填充基本底色（图1-91）。

图1-87　绘制服装　　　　图1-88　服装廓型线　　　　图1-89　填充服装底色

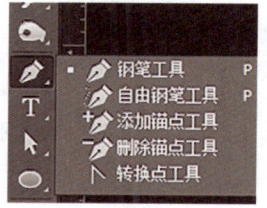
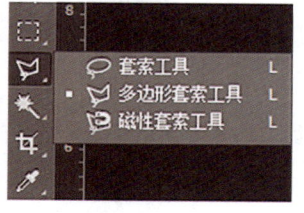

图1-90　钢笔工具　　　　　　图1-91　套锁工具

6. 服装明暗关系及面料肌理表现

新建图层，将图层模式设置为【正片叠底】，根据服装的动态和光线的方向绘制暗部（图1-92）。用【滤镜】工具做出面料肌理效果（图1-93），用【钢笔工具】或者【多边形选取工具】勾选出服装外轮廓。新建图层，填充服装色彩。点击上方菜单栏的【滤镜】，依次选择【杂色】【添加杂色】，勾选【平均分布】，数量设置为35%左右（图1-94），再打开【滤镜】中的【滤镜库】，打开纹理文件夹中的纹理化，制作出面料的肌理效果（图1-95）。

图1-92　服装明暗关系　　　　　图1-93　制作出面料的肌理效果

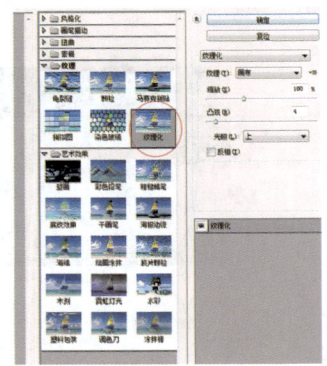

图1-94　滤镜—杂色　　　　　　图1-95　滤镜—纹理

7. 绘制裙子的图案

新建一个5cm×5cm，清晰度为150dpi的文件（图1-96）。绘制图案，依次点击【编辑】【定义图案】，更改图案名称后点击【确定】（图1-97）。选取裙子所在图层，填充图案，双击图层面板，打开图层样式，点击【图案叠加】（图1-98），选择设计好的图案，调整缩放的数值，直到达到理想的图案大小效果。

 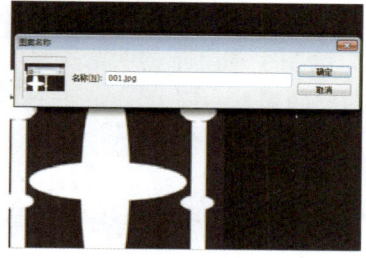 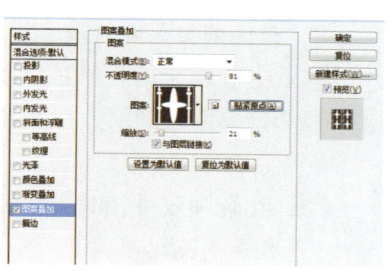

图1-96　绘制图案　　　　图1-97　编辑—定义图案　　　　图1-98　图层样式—图案叠加

8. 绘制图案面料的立体效果

根据人体动态产生相应的变化，按Ctrl+T选区，在右键菜单栏中点击【变形】，拖动中间和边上的节点，完成大致的透视关系。或者点击【编辑】【操控变形】（图1-99），在裙子需要变化的位置点击左键，打入钉子，拖动左键，根据人体动态调整图案的疏密关系。也可以使用【滤镜】中的【液化】工具进行变形（图1-100）。通过以上三种方法均可完成裙子图案的立体效果绘制（图1-101）。

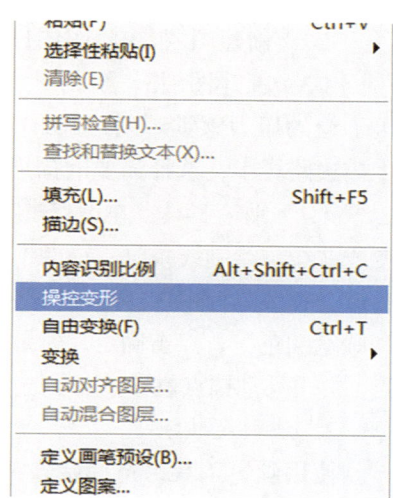

图1-99　编辑—操控变形

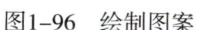

图1-100　滤镜—液化　　　　图1-101　裙子图案的立体效果

9. 整体调整画面效果

靠近上衣领子的皮肤色绘制阴影，绘制手和鞋子的明暗关系，加亮裙子的受光部分，注意提亮部分要新建图层，在服装各个图层的最上一层。

二、女翻领双排扣时尚套装案例二

1. 服装线稿描绘

（1）新建文件，纸张大小设置为A4，分辨率为400dpi，底色为白色。新建图层1，绘制人体比例结构。人体比例结构可以根据要求略微夸张，一般为九头至九头半的比例。

（2）新建图层2，将图层1的透明度降低，绘制人体外形的线条。

（3）新建图层3，绘制服装款式结构线条，绘制长线条时可以使用钢笔工具。为了表现出手绘的压力感觉（图1-102），可以在使用钢笔工具绘制完线条后，在右键菜单栏中点击【描边路径】，选择需要的描边工具后，勾选【模拟压力】即可。

（4）钢笔工具：左键点击建立线条轨迹的锚点。建立锚点后按住左键拖动，线条由直线变成曲线。绘制线条时，锚点不宜过多，否则会影响线条的流畅度。绘制好线条轨迹后，点击右键，在菜单栏中选择【描边路径】，选取【画笔工具】（画笔工具需要提前设置好画笔大小和画笔颜色），点击确定，如果需要笔触感觉，要勾选【模拟压力】。按住Ctrl键，可以选择锚点，并可移动锚点位置，以及锚点杠杆的曲度长短；按住Alt键可以切换钢笔工具为转角工具。

2. 绘制皮肤色

使用画笔工具，选择硬边圆压力不透明度笔刷，找出面部色彩的层次，注意帽子和眼镜下方的阴影部分。裙子是半透明的面料，隐约可以透出皮肤的颜色，因此用大笔触绘制腿部的皮肤色（图1-103）。

图1-102　服装线稿描绘　　　　图1-103　绘制皮肤色

3. 绘制服装

这款服装使用面料比较多，可使用钢笔工具勾选出不同面料的服装及配饰区域，包括帽子面、帽子里、帽纱、内搭衬衫、外套上衣、裙子、鞋子的区域（图1-104、图1-105）。

图1-104　帽子填色　　　　　图1-105　服装填色

4. **面料肌理与图案设计**

（1）收集选择适合的面料小样，图片尽量清晰（图1-106~图1-109）。

图1-106　面料小样　　图1-107　面料小样　　图1-108　面料小样　　图1-109　面料小样

（2）图案拼合处理。复制图案，按Ctrl+T选区，点击右键，选择【水平翻转】（图1-110），使图案无缝对接，按Ctrl+E合并图层后，再继续复制（Ctrl+C，Ctrl+V），按Ctrl+T选区，点击右键，选择【垂直翻转】（图1-111）。不断重复此操作延长后形成一块完整的图案面料。

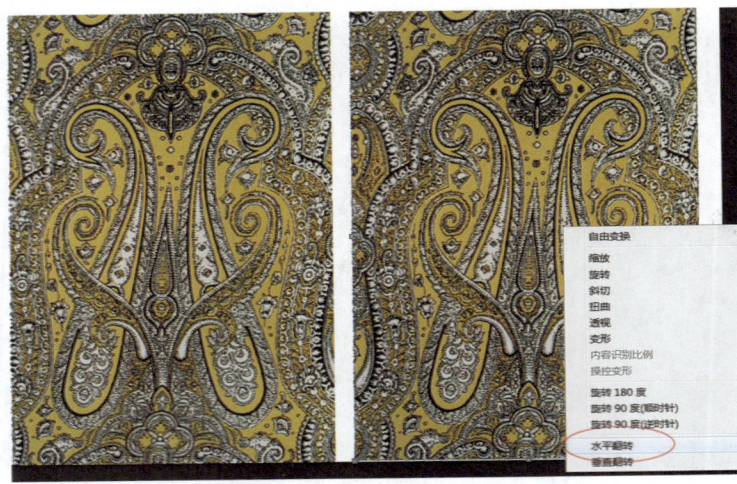

图1-110　图案拼合　　　　　　　　　图1-111　图案面料

（3）填充面料效果。帽子面和腰带使用皮革面料，帽子里使用花卉面料，外套使用毛呢面料，衬衫使用小格子面料，裙子使用复杂几何纹样的半透明纱质面料。整理好面料后，依次在服装不同区域图层的下面放置，在图层上点击右键，创建剪贴蒙版（图1-112、图1-113）在服装色块图层点击右键，建立图层蒙版（图1-114、图1-115）。

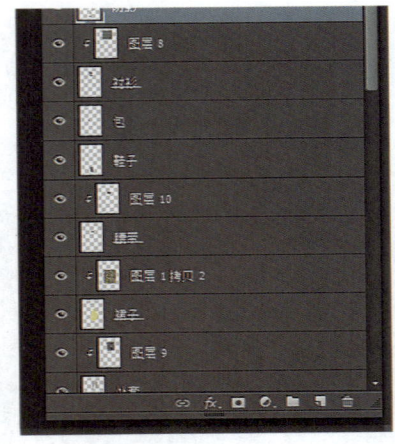 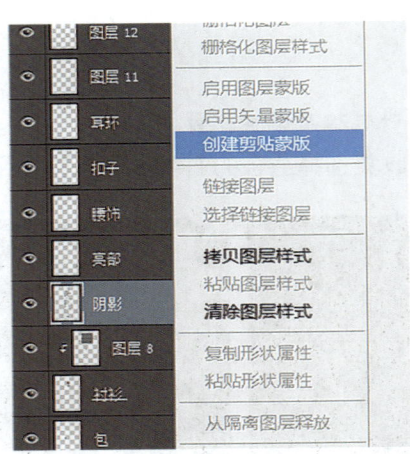

图1-112　放置图层顺序　　　　　　　图1-113　创建剪贴蒙版

5. 服装明暗关系的表达

（1）服装暗部和亮部效果。可以使用减淡和加深工具（容易变色，使用1~2次即可）；也可以新建图层，设置图层模式为【正片叠底】，用服装近似色绘制暗部，用白色或者服装浅色画笔，调低透明度和流量，画出亮部（图1-116）。

图1-114　创建剪贴蒙版 　　　　图1-115　完成面料填充 　　　　图1-116　整体调整完成绘制

（2）细节表现（图1-117~图1-119）。

鞋子的皮革质感通过明暗关系细致地表达出来，透明纱裙的质感，可以通过调整图层的透明度来实现，裙底摆的前后关系要细心处理，按照底边曲线的位置，用橡皮工具擦淡，注意先调整好橡皮工具的流量，将流量调小，控制笔压，擦出纱裙层叠的效果（图1-117）。头部细节使用画笔工具中的压力不透明度，实笔与虚笔结合，注意处理好帽子在面部上的光影效果、眼镜的色彩变化及阴影处理（图1-118）。腰带细节使用面料填充，新建图层后，绘制明暗变化，图层模式为正片叠底，使暗部过渡更加自然，局部提亮，表现皮革的反光感（图1-119）。

图1-117　鞋子、纱裙底摆细节 　　　图1-118　头部细节 　　　　图1-119　腰带细节

作业练习：计算机绘制女套装正面动态图一张、上色线稿，要求人体比例准确，线条流畅，明暗结构关系明确，款式造型时尚，面料图案设计效果新颖。

模块二　礼服设计与效果图表现

项目一　运用 SAI、Adobe Photoshop 软件表达人体动态、服装线条、色彩与面料

上课时数：2课时

能力目标：通过教学，使学生掌握SAI和Adobe Photoshop软件绘制服装效果图的方法，效果图表达完善，有一定的创新意识

知识目标：能将SAI和Adobe Photoshop软件中的工具的配合灵活使用，准确表达出设计意图

重　　点：软件设计效果图的绘制步骤及方法

难　　点：动态与款式线条处理

课前准备：查阅有关人体比例的时装画书籍，熟悉手绘板的使用

一、SAI软件绘制礼服效果图线稿

1. 画笔设置

打开SAI软件，新建文件，预设尺寸设置为A4-300ppi，打印分辨率设置为300pixels/inch，画笔选用【素描铅笔】，根据手绘板绘制线条的效果来设置画笔的大小，抖动数值设置为9。

2. 人体动态草图绘制重点

礼服的款式一般为拖地长裙，人体动态的绘制重点在上半身，腿部的线条可以简化，将动态趋势表达出来就可以了。人体比例为8个半至9个半头长，根据需要的画面效果来确定人体比例，夸张的人体拉长的主要是腿部的比例，同时还要注意肩线的斜度和上半身的透视关系。绘制头部五官的基本比例位置时，重点在于确定前中线的位置和眼睛（头长1/2）的位置（图2-1）。

（1）新建文件，预设尺寸为A4-300dpi，新建图层，在图层2中用素描铅笔工具绘制效果图线稿的底图，线条可以较为自由放松，把握大的比例动态，也可先确定中心线和9头长的比例关系。

（2）新建图层3，在草图的基础上，使用尖锐工具细化整理好人体与服装的线条。

3. 工具使用

SAI软件界面可以与Adobe Photoshop界面对照来学习。SAI软件左下栏是图层，根据图标依次顺序为新建图层、新建钢笔图层、新建图层组、向下转写、向下合并、清除图层、删除图层。工具栏主要是选择、套锁、魔棒、移动工具、缩放工具、旋转工具、抓手工具、吸管工具，使用效果跟Adobe Photoshop软件基本一致，可以使用快捷键快速切换，放大画布按PgUp键，缩小画布按PgDn键，删除图层内容按Delete键，旋转画布按住空格键+Alt键后点击

鼠标左键拖动，恢复画布按Home键，画笔笔头变小按"["键，画笔笔头变大按"]"键。工具栏里的任何工具，在图标上双击左键，都可以自定义设置快捷键字母。画笔的笔头形状可以选择。数字0~100，可以调整笔刷色彩的浓淡程度（图2-2）。

图2-1　人体动态草图

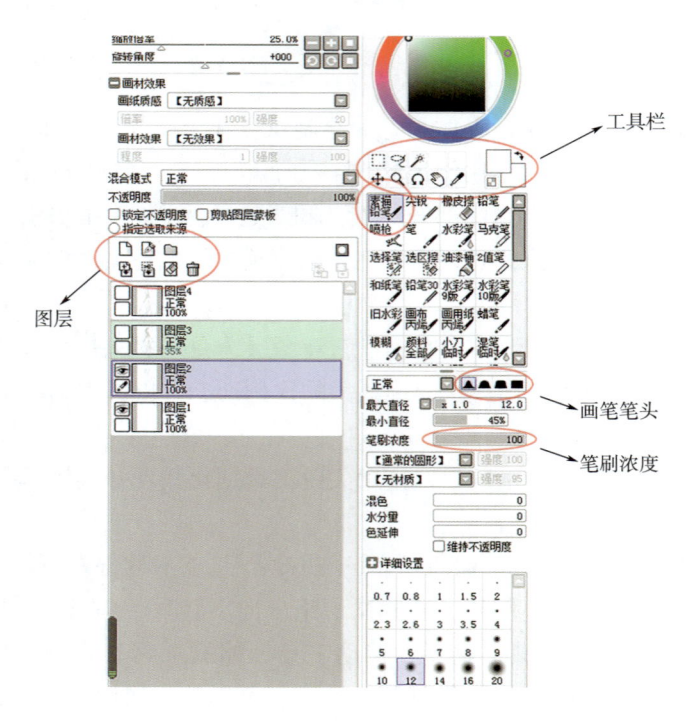

图2-2　SAI软件界面工具

4. 保存文件

SAI软件中文件可以保存为SAI、PSD、BMP、JPG、PNG等格式。其中,SAI格式的文件在Adobe Photoshop里打不开;PSD格式可以保留文件中的各个图层,注意底色默认是透明色;JPG格式保存时要调整压缩品质数值,如果要求图片清晰度较高,数值也要相应的调大(图2-3)。

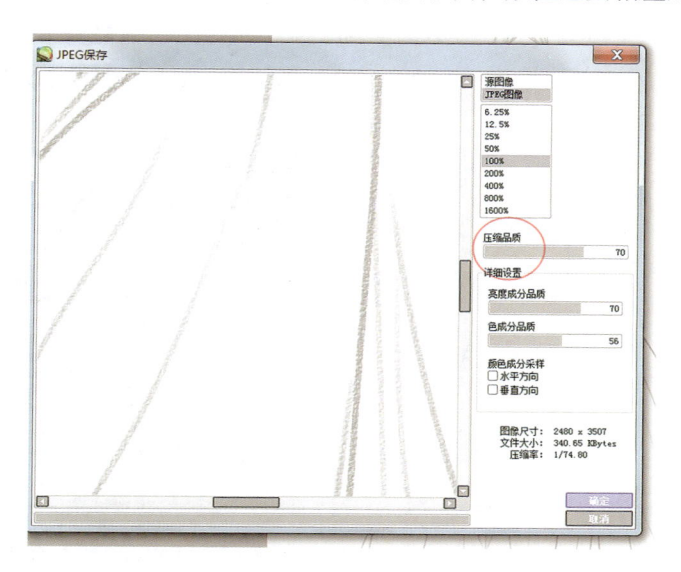

图2-3　保存JPFG文件格式

5. 整理绘制线稿

设置不同图层绘制线稿,图层1为动态草稿(图2-4),图层2为头部及服装款式草稿(图2-5),图层3为设计图线稿整理定稿(图2-6)。图层1、图层2中主要用到的工具是素

图2-4　图层1动态草稿　　　　图2-5　图层2头部及服装款式草稿

描铅笔，模仿铅笔的手绘效果，图层3的设计线稿使用的是尖锐工具（图2-7），画笔清晰度高。在不断叠加图层的过程中，也不断优化、整理线条。礼服一般裙摆比较大，长线条表达比较多，适合用SAI软件来绘制。

图2-6　设计图线稿整理定稿　　　　　　图2-7　尖锐工具

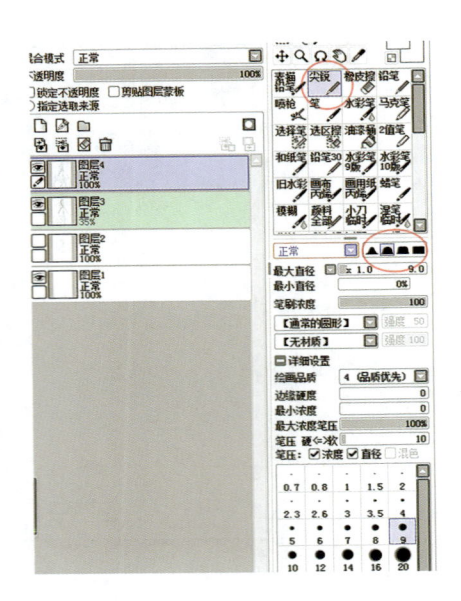

二、Adobe Photoshop软件上色及处理面料效果

1. 文件保存

使用SAI软件完成线稿绘制后，将文件存为PSD格式，在Adobe Photoshop软件中打开，将草稿的图层眼睛关闭或者删除，只保留最终的线稿图层。SAI软件（图2-8）存储的文件默认是透明底色，因此在Adobe Photoshop软件中打开时，需要新建一个图层，填充白色作为底色，放在线稿图层下面。

2. Adobe Photoshop上色

点击【画笔工具】，使用硬边圆不透明笔刷绘制头发、皮肤颜色以及面部、手臂等明暗关系（图2-9）。通常绘制色彩要有五个层次，包括固有色、亮部色、暗部色、高光、阴影。固有色是指原本的颜色，是基础底色，在此基础上可以将同色系色彩调整亮度，亮部和暗部的色彩可以根据光源的调性来决定色调冷或者是暖，高光一般会使用白色提亮，阴影一般是最深的颜色。细节色彩可以调整画笔属性栏里的流量和透明度的数值。

3. 头部色彩绘制

面部的基础肤色是偏暖的肉色，将流量数值减小绘制额头、面颊、鼻梁的亮部。按住Alt键切换到吸管工具，吸取基础肤色，在此基础上将颜色加深，绘制两颊、额头、鼻子两侧、鼻底、眼眶凹陷部分的暗部，注意保持肤色的干净与透明度。

4. 五官上底色

再次按住Alt键吸取基础肉色，在此基础上将颜色调整至偏红一点，绘制两颊的腮红。注意

图2-8　线稿绘制完成　　　　图2-9　绘制皮肤颜色及头部色

观察眉毛的形状和位置、与眼睛的距离。眉毛色彩使用灰黑色和灰褐色,不要直接用深色黑来绘制。眉毛有浓淡的变化,靠近眉中的部分颜色较深,头尾部色彩减淡,眉尾逐渐变细。

5. 眼睛刻画

眼睛的色彩可以根据服装的配合程度选择,注意眼球的体积感和透明度。眼球上方的1/3是被眼皮覆盖的,而眼皮的覆盖会产生阴影,因此眼球的上半部分颜色较深,下半部分受反光的影响,颜色比较淡,眼球整体色彩的笔触呈圆形。

6. 唇部刻画

唇部的色彩分为基础唇色、暗部色、亮部和高光,唇中下、嘴角、唇内侧为暗部,唇部凸起的部分为亮部,下唇中最为凸起的为高光点位,色彩笔触根据嘴唇的外轮廓线条呈弧线变化(图2-10、图2-11)。

图2-10　头部线稿　　　　图2-11　头部及五官色

7. 服装肌理效果处理

（1）服装部分用钢笔工具选区。完成勾选后，点击右键建立选区，填充服装色，打开【滤镜】，点击【杂色】【添加杂色】（图2-12），勾选【平均分布】【单色】。也可以根据预设的效果多做几次尝试，勾选【高斯分布】或者尝试多色效果（图2-13）。

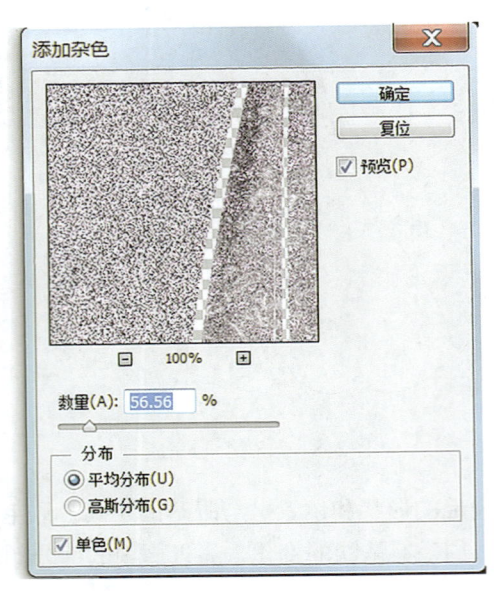

图2-12　滤镜—添加

图2-13　添加杂色

（2）打开滤镜库（图2-14），滤镜库中包括风格化、画笔描边、扭曲、素描、纹理、艺术效果等工具，其中纹理可以设计出面料的组织肌理效果，艺术效果中会产生很多丰富的面料图案效果（图2-15~图2-19）。效果图中的面料肌理使用的是滤镜下艺术效果的塑料包装（图2-20）。

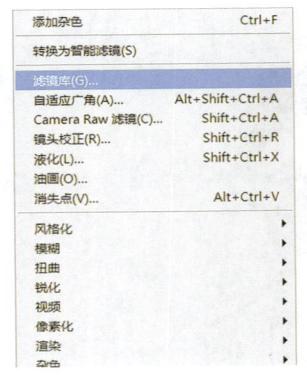

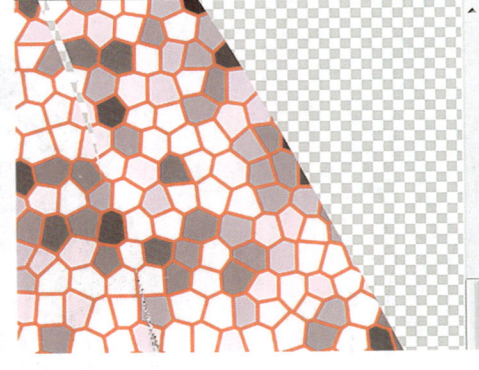

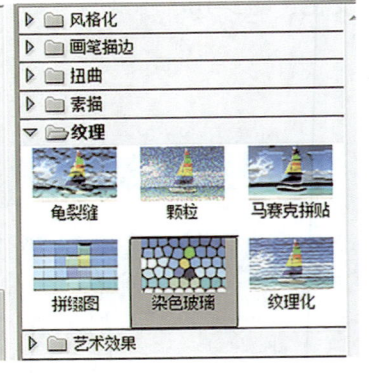

图2-14　滤镜库

图2-15　滤镜库—纹理—染色玻璃

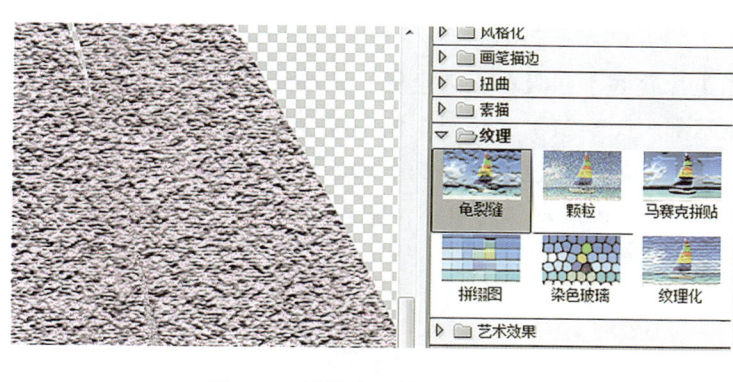

图2-16 滤镜库—纹理—龟裂缝

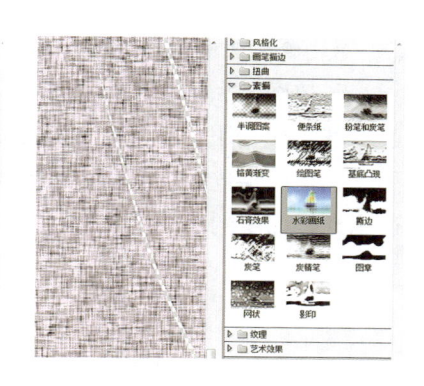

图2-17 滤镜库—素描—水彩画纸

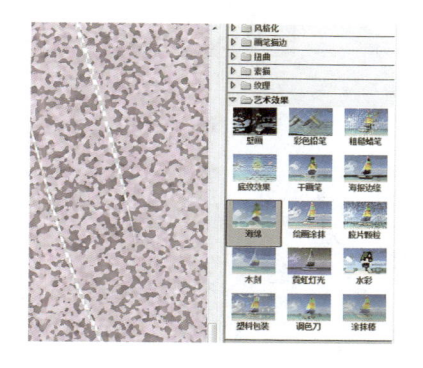

图2-18 滤镜库—艺术效果—海绵

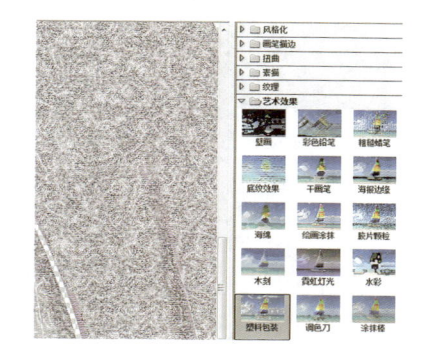

图2-19 滤镜库—艺术效果—塑料包装

图2-20 艺术效果—塑料包装

8. 服装明暗效果处理

新建图层，设置图层模式为【正片叠底】，吸取服装色彩，调小流量的数值，绘制服装的暗部，根据服装结构线条来绘制暗部（图2-21）。一般线稿图层会放置在所有图层的最上面。新建图层绘制亮部，放在线稿下面，使用白色，调整画笔的透明度和流量，观察效果，适当调整图层的透明度，使亮部色彩与裙子的颜色融合自然（图2-22）。

图2-21　绘制暗部　　　　　　　　　图2-22　绘制亮部

作业练习：使用计算机绘制女礼服正面动态图一张、上色线稿，要求人体比例准确，线条流畅，明暗结构关系明确，有款式造型时尚，面料图案设计效果新颖。

项目二　礼服款式分类与设计方法

上课时数：4课时

能力目标：通过教学，使学生掌握礼服的设计方法，包括廓型、细节、面料、色彩的设计方法，有一定的创新意识

知识目标：礼服的分类与设计方法，设计亮点分解与主题风格

重　　点：女礼服的款式设计

难　　点：女礼服的廓型结构设计与表现

课前准备：网上查阅下载有关女礼服的款式图片，分析女礼服款式特点

一、礼服的分类

礼服（也称设计服）原本指婚礼、葬礼、祭礼等仪式时穿着的服装，现则泛指出席某些宴会、舞会、联谊及社交活动等正规场合所用服装。礼服具有豪华精美、正统严谨的风格特点，带有很强的礼俗性。礼服种类很多，从形式上可以分为正式礼服和非正式礼服两种，从穿着时间上可分为昼夜礼服和晚礼服两种。根据穿着场合也可以分为晚礼服、小礼服、裙套装礼服等。

1. 晚礼服

晚礼服产生于西方社交活动中，在晚间正式聚会、仪式、典礼上穿着的礼仪用服装（图2-23~图2-26）。裙长长及脚背，面料追求飘逸、垂感好，颜色以黑色最为隆重。晚礼服风格各异，西式长礼服袒胸露背，呈现女性风韵，中式晚礼服高贵典雅，塑造特有的东方风韵，还有中西合璧的时尚新款搭配。晚礼服宜选择典雅华贵、夸张的造型的服饰，凸显女性特点。

图2-23　晚礼服　　　　　　　　图2-24　晚礼服

图2-25　晚礼服 　　　　　　　　　图2-26　晚礼服

2. 小礼服

小礼服是在晚间或日间的鸡尾酒会正式聚会、仪式、典礼上穿着的礼仪用服装（图2-27~图2-29）。裙长在膝盖上下5cm，适宜年轻女性穿着。与小礼服搭配的服饰适宜选择简洁、流畅的款式，着重呼应服装所表现的风格。

图2-27　小礼服 　　　　　　图2-28　小礼服 　　　　　　图2-29　小礼服

3. 裙套装礼服

裙套装礼服是职业女性在职业场合出席庆典、仪式时穿着的礼仪用服装（图2-30~图2-32）。裙套装礼服显现的是优雅、端庄、干练的职业女性风采。与短裙套装礼服搭配的服饰应体现含蓄庄重。

图2-30　裙套装礼服　　　　图2-31　裙套装礼服　　　　图2-32　裙套装礼服

二、礼服的设计

1. 轮廓造型设计

礼服的外廓型设计一般有X型、A型、Y型、H型、T型，其中以X型与A型较为流行。礼服从风格上可以划分为中式礼服、西式礼服两大类，轮廓造型设计特点上还可以分为古典式、直筒式、披挂式、层叠式。

（1）古典式的轮廓造型带有一定夸张的意味，常根据时尚流行夸张某一部位，如胸部、臀部、肩部、裙摆等，裙子造型丰满优美，高贵华丽（图2-33、图2-34）。

（2）直筒式轮廓造型按人体自然形态设计，为修长适体的直线形轮廓，端庄文雅，最能体现女性的自然曲线体态，旗袍式礼服就具有这样的特性。

（3）披挂式礼服轮廓、线条都具有希腊式简朴、自然和随意的风格，使用捆绑、打皱的手法进行设计，轮廓柔和宽松。

（4）层叠式裙层层叠叠，裙子的外廓型如宝塔形状，具有活泼、窈窕、华美的特点，裙子的表面由一层层的荷叶边、花边等相叠。

图2-33　古典式礼服　　　　　　　　图2-34　古典式礼服

2. 礼服装饰手法

礼服的装饰手法丰富多变、精致华丽，无论是礼服的整体还是局部，精心而别致的装饰点缀是至关重要的，适度的装饰不仅使礼服显得雅致秀美，而且能提升穿着者的气质和高贵感。礼服常用的装饰手法有：刺绣（丝线绣、盘金绣、贴布绣、雕空绣、法式立体绣等）、褶皱（褶裥、皱褶、司马克褶等），钉珠钉片（钉或烫人造钻石、人造珠片、亮片等），珍珠镶边、人造绢花、其他特殊材料装饰（羽毛、金属片、铆钉等）（图2-35~图2-37）。

图2-35　法式立体绣　　　　图2-36　雕空绣　　　　图2-37　钉珠钉片

3. 礼服的装饰部位

礼服的装饰部位、造型部位十分讲究，所用的造型和装饰图案的形状、大小、色彩、材料等都与装饰部位有关，一般设计亮点主要在颈部、领、胸、肩、袖、腰部，其次是裙摆、门襟、袖口等细节部位设计（图2-38~图2-46）。礼服的细节造型和装饰在保持整体风格和效果前提下，可以突出重点，增添服装造型结构的创意，增添面料的生动感与华丽感，更好地体现礼服的造型风格。

图2-38　肩部设计　　　　图2-39　肩部设计　　　　图2-40　肩部设计

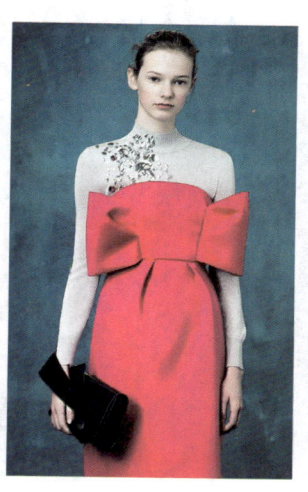

图2-41　肩袖设计　　　　图2-42　腰部设计　　　　图2-43　胸肩设计

图2-44 胸腰设计　　　　　图2-45 领子设计　　　　　图2-46 领腰设计

4. 礼服的波浪造型

礼服的波浪造型设计可以产生丰富多变的设计效果，礼服的褶浪可分为对称与不对称两种。根据礼服的设计风格的不同可将褶浪放在肩部、腰部、下摆等部位，褶浪有长短、大小、方向、多少、层叠等的变化，能够充分体现礼服的空间造型感。轻薄面料的褶浪可以产生飘逸柔美的效果，硬挺面料的褶浪可以产生隆重、大气华丽的效果，具有雕塑线条的立体美感（图2-47~图2-51）。

图2-47 下摆褶浪　　　　　图2-48 不对称褶浪　　　　　图2-49 不对称褶浪

图2-50 肩摆立体褶浪　　　　图2-51 裙摆立体褶浪

5. 礼服创意结构设计

现代礼服创意结构设计，主要体现在现代礼服简约的设计风格中，利用极简装饰元素体现礼服结构的细节创意变化，利用面料的曲面变化包裹人体，或者在衣身上做出立体造型装饰，服装功能性与装饰性结合，线条流畅简约，具有现代审美特点（图2-52~图2-54）。

图2-52 胸部造型　　　　图2-53 腰部造型　　　　图2-54 胸腰部造型

作业练习：手绘设计女礼服款式8款，古典式、直筒式、披挂式、层叠式各设计2款，要求整体造型时尚美观，线条流畅，有丰富且适当的装饰手法和褶浪设计。

项目三　运用 Adobe Photoshop 软件绘制礼服款式效果图

上课时数：4课时

能力目标：通过教学，使学生掌握Adobe Photoshop软件绘制服装效果图的方法，能够完善表达效果图，有一定的创新意识

知识目标：Adobe Photoshop软件中的工具的配合灵活使用，准确表达出设计意图

重　　点：女礼服效果图的绘制步骤及方法

难　　点：女礼服的廓型结构及细节的线条表现

课前准备：练习并熟练运用手绘板，合理表达款式线条

一、礼服计算机绘制设计表达案例——Adobe Photoshop软件

1. 绘制人体动态

人体动态设计与绘制，礼服的人体动态绘制可以夸张一些，大礼服一般是长裙拖地款，腿部的结构线条不用刻画得很清晰，可以绘制两条动态线代替。

2. 绘制衣纹

绘制礼服衣纹线稿，选择画笔工具中的硬边圆压力大小笔刷，大小设置为4像素，用手绘板整体描绘服装款式线条，注意衣纹的疏密变化，长短线条的穿插与组织。绘制款式线条时要有取舍，可以分别新建图层绘制款式草图和款式线正稿。

3. 整理衣纹线条

衣纹线条长短线条结合，短线条使用手绘板绘制，长线条可以使用钢笔工具绘制。使用钢笔工具，点击右键选择【描边路径】，勾选【模拟压力】，可以模仿手绘线条的粗细变化。用钢笔工具来绘制长线条效果比较流畅（图2-55~图2-58）。

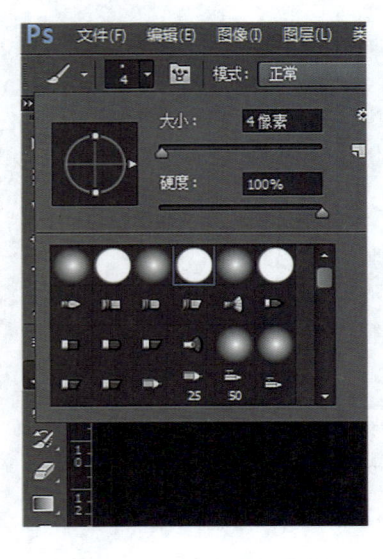

图2-55　画笔工具—硬边圆压力大小　　　　图2-56　钢笔工具—描边路径

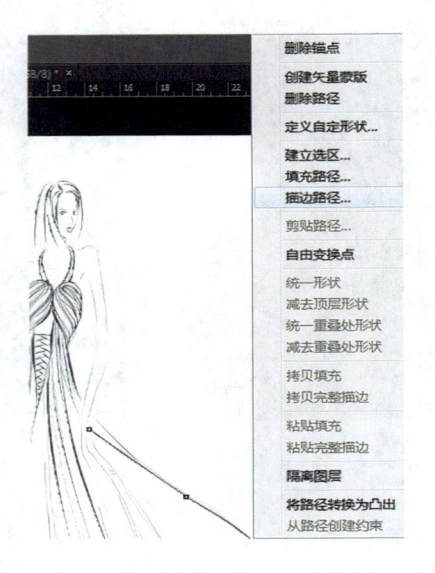

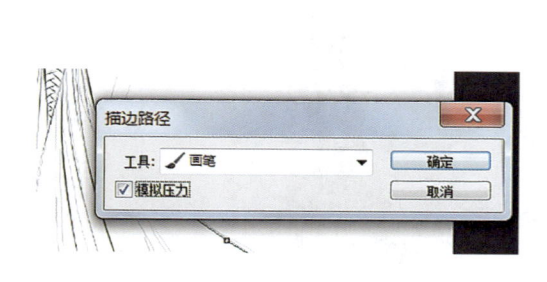

图2-57　钢笔工具—模拟压力

图2-58　完成线稿

二、礼服色彩搭配、面料表现——Adobe Photoshop软件

1. 皮肤颜色的概括绘制

使用画笔工具里的硬边圆压力不透明度笔刷（图2-59），在上方属性栏中调整画笔的透明度和流量，绘制皮肤的颜色。皮肤的颜色分成固有色、亮部、暗部三个层次（图2-60）。

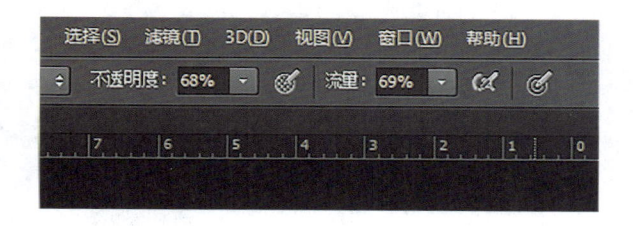

图2-60　调整画笔不透明和流量

图2-59　画笔工具—硬边圆压力不透明度

2. 五官及头发的绘制

用概括的手法绘制头发固有色、亮部、暗部、高光、阴影部分，注意头发的整体外轮廓形状、头发的走势。面部结构的暗部主要是鼻梁两侧、面颊两侧、眼眶凹陷的部位及下巴，贴近头发的皮肤部分需绘制头发的阴影（图2-61）。

图2-61　绘制头发

3. 绘制服装色彩

根据款式特点使用钢笔工具分别勾选不同颜色的服装区域，一般不同面料分别放在不同的图层。为了方便绘制细节，也可以将服装结构的不同部分分别放在不同的图层，方便后期制作服装面料的肌理效果和图案效果等。用钢笔工具勾选好区域后，分图层填充面料颜色（图2-62），复制裙摆所在的图层，运用【滤镜】【杂色】【添加杂色】效果（图2-63、图2-64），做出面料机理，将图层模式设置为【正片叠底】（图2-65、图2-66）。

图2-62　填充面料颜色

图2-63　滤镜—增加杂点效果

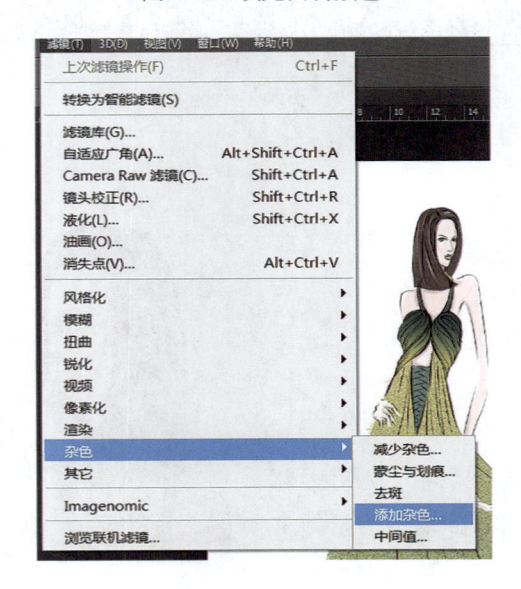

图2-64　滤镜—添加杂色

图2-65　图层模式设置为正片叠底

图2-66 完成面料效果

4. 绘制裙摆的阴影及亮部

用钢笔工具勾选阴影的区域，使用渐变色工具填充，从上至下由淡色到深色填充（图2-67、图2-68），将图层模式设置为【正片叠底】。亮部运用钢笔工具，勾选【模拟压力】，将画笔颜色设置为白色或者浅色，右键点击钢笔工具绘制路径，选择【描边路径】；使用画笔工具里的星星笔刷画出面料闪光的机理效果（图2-69）。

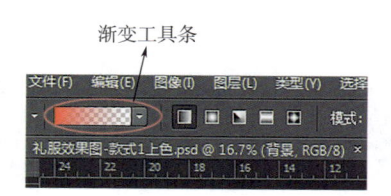

图2-67 渐变填充

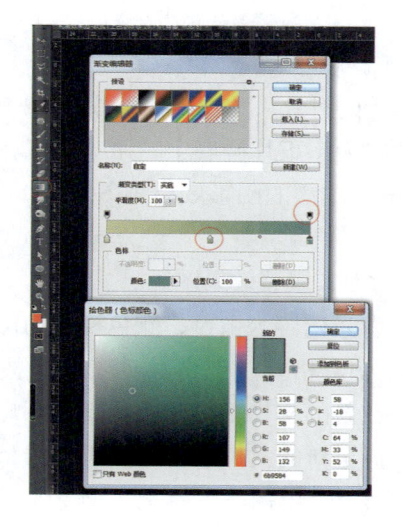

图2-68 渐变填充

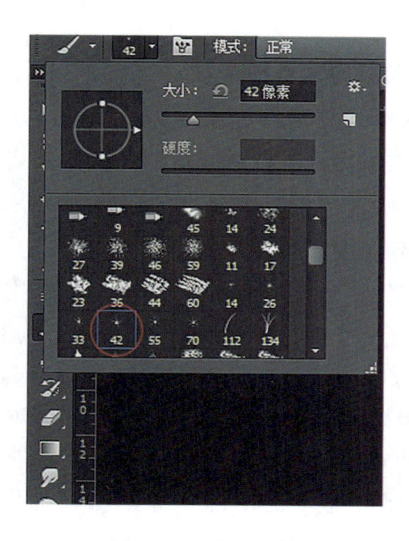

图2-69 星星画笔

渐变色工具分为线性渐变、径向渐变、角度渐变、对称渐变和菱形渐变。在上方属性栏中选择线性渐变；点击上方渐变工具条打开渐变编辑器，使用滑竿的上面漏斗调整色彩的不透明度，使用滑竿下面的漏斗调整色彩的色相，上下的漏斗可以通过点击添加。点击漏斗打开拾色器，在拾色器中可以设置需要的颜色，也可以用吸管工具直接在图片中吸取需要的颜色；漏斗可以在滑竿上滑动位置，来调整渐变色的比例；左键按住漏斗不放，左右拖动漏斗可以去掉漏斗，减少渐变的色彩。

设定好渐变色彩后，在裙子上方点击左键，按着Shift键向下拖动鼠标，可以填充由上至下均匀的渐变色彩（图2-70）。

图2-70 完成裙子效果

5. 绘制第二套礼服的款式

使用同一人体动态，绘制款式线稿、填充颜色及面料效果（图2-71、图2-72），使用工具同上。裙摆阴影效果制作新建图层，设置图层模式为【正片叠底】，用吸管工具吸取衣服上的颜色，画笔流量调整到50%，沿面料褶皱纹理刷出裙摆的阴影效果（图2-73）。

6. 画面排版设计

内容包括主题名称、设计说明、平面款式图正背面、服装效果图。

（1）新建文件，大小为A3，分辨率为300dpi，背景内容为白色，颜色模式为RGB颜色。

（2）将绘制好的单张礼服效果图打开，存储为jpg格式。点击移动工具，按住左键不放，拖动图片置入新的A3纸画面内，置入的图片会在新的文件里自动生成新的图层。将单张礼服效果图Adobe Photoshop文件中的黑白线稿图层拖至新的文件中，复制黑白线稿图层，按Ctrl+T，在右键菜单栏中选择【水平翻转】（图2-74），用橡皮工具把正面上半身的结构线条擦掉，用钢笔工具绘制后背的结构线条，使用【描边路径】描边。

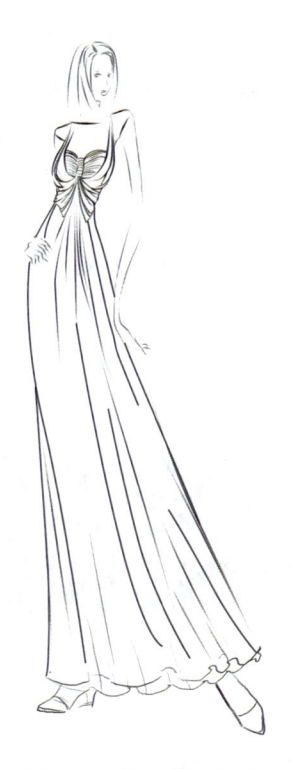

图2-71　绘制款式线稿

图2-72　填充颜色

图2-73　裙摆的阴影效果

图2-74　水平翻转

（3）将绘制好的效果图水平翻转，设计好合适的构图，在右下方放置正背面黑白款式结构图，主图的大小要饱满，占主要画面位置，款式结构图的面积缩小，复制其中一个款式图等比例放大，按Ctrl+T框选款式图，按着Shift键固定比例，点击对角线位置的图标拖动调整大小，图层的透明度设置为30%，将其放置在画面的左上角。

（4）使用圆角矩形工具处理背景框，设置属性栏中的半径数值为20，选择【形状】或者【路径】，设置好需要的色彩，点击一点后拉动左键绘制圆角矩形（图2-75~图2-77）。

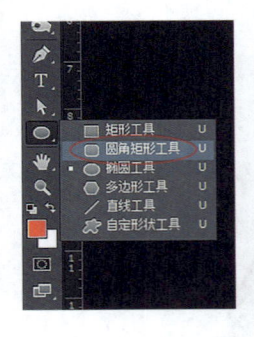

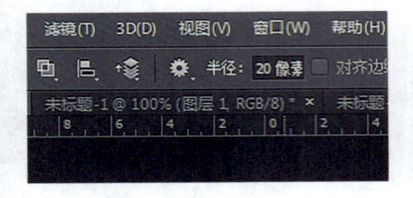

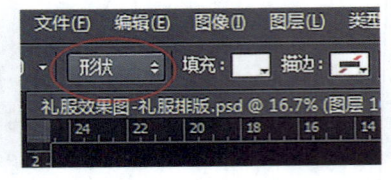

图2-75　圆角矩形工具

图2-76　圆角矩形半径

图2-77　形状属性

（5）输入设计说明文字。使用文字工具（图2-78），点击页面，自动生成新的图层，在上方属性栏中设置文字大小，输入文字。可在属性栏中设置字体及排列方式（图2-79）。点击属性栏最右端的切换字符和段落面板（图2-80），打开面板，可以调整字体的大小比例及字距大小（图2-81）。如果需要编辑文字的图案效果，需要点击文字图层，点击右键，选择【栅格化文字】（图2-82、图2-83），将文字转换成图形后可以进行任意编辑，完成设计图排版（图2-84）。

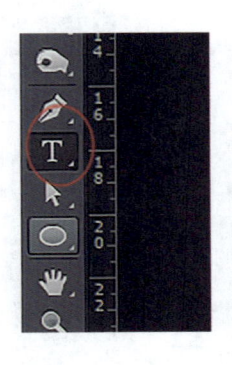

图2-78　文字工具

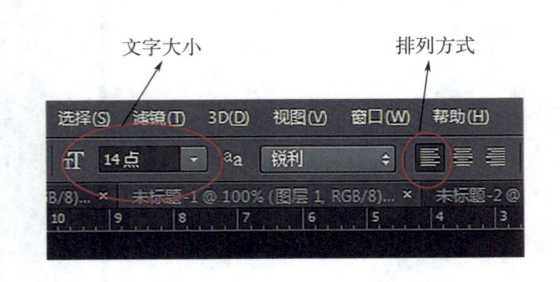

图2-79　文字大小、排版

图2-80　切换字符和段落面板

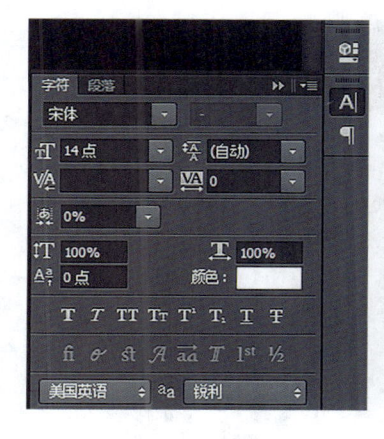

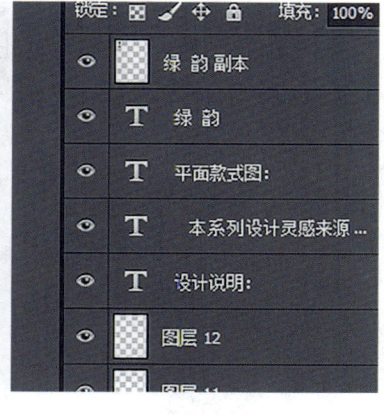

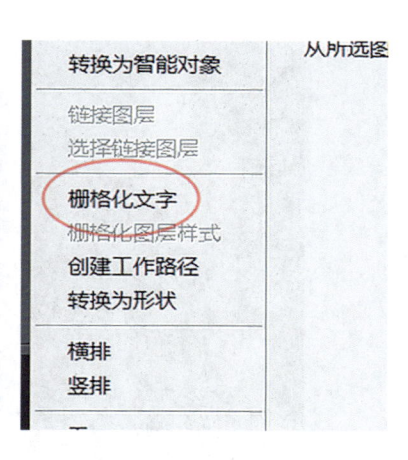

模块二　礼服设计与效果图表现 | 053

图2-81　调整字距大小　　　图2-82　文字图层　　　图2-83　栅格化文字

图2-84　完成设计图排版

三、礼服计算机绘制设计表达案例二——Adobe Photoshop、SAI软件

1. 绘制礼服效果图线稿

计算机绘图相较于手绘而言，显著优势之一就是具有无限的可复制性。设计者可以收集很多的动态、静态人体模板，以及最新的服装发布会的图片素材，进行拼接组合再设计，建立起丰富庞大的素材资源库，以便后期创作使用。本案例中这款礼服是汲取了不同服装部位进行重新组合设计的成果。收集三款不同风格的服装图片（图2-85~图2-87）进行组合后，调低图层透明度，绘制线稿（图2-88~图2-90）。

图2-85　参考图片　　　　　图2-86　参考图片　　　　　图2-87　参考图片

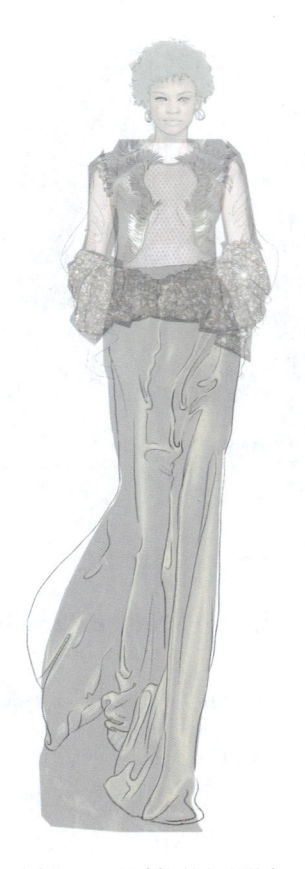

图2-88　组合参考图　　　　图2-89　调低图层透明度　　　图2-90　绘制线稿

2. 头部的绘制

（1）绘制头发。首先设置画笔工具，在画笔工具栏点击右上角的齿轮按钮，追加【干介质画笔】（图2-91），勾选【仅文本】（图2-92），放大画笔。切换到画笔面板（图2-93），设置笔尖形状，间距为55%（图2-94），角度为-84（图2-95），勾选【形状动态】，设置钢笔压力为【渐隐】（图2-96），用点状来绘制头部的轮廓，注意球体的体积感和明暗关系。

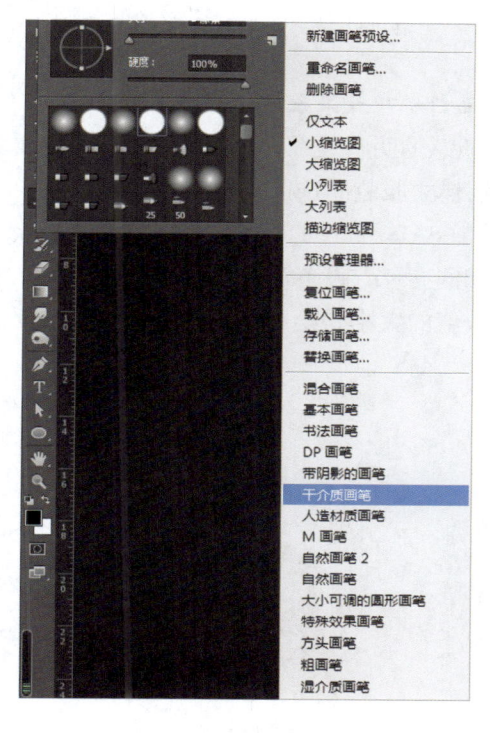

图2-91　画笔工具栏追加【干介质画笔】

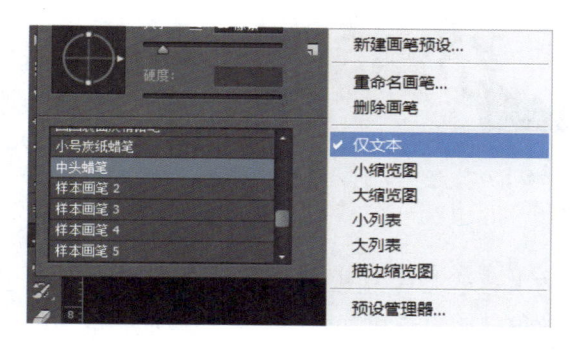

图2-92　仅文本

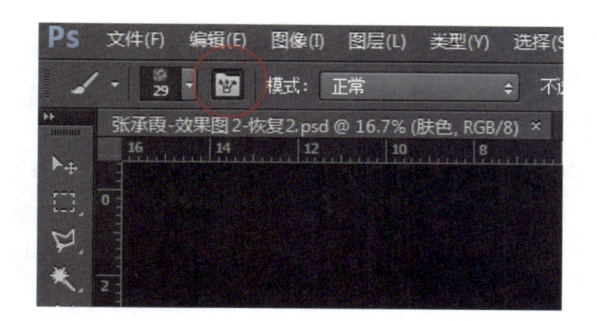

图2-93　画笔面板

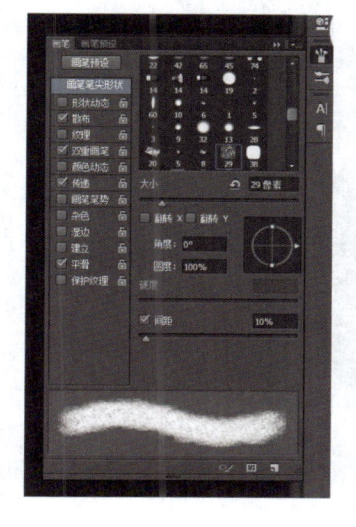

图2-94　设置笔尖形状—调整间距

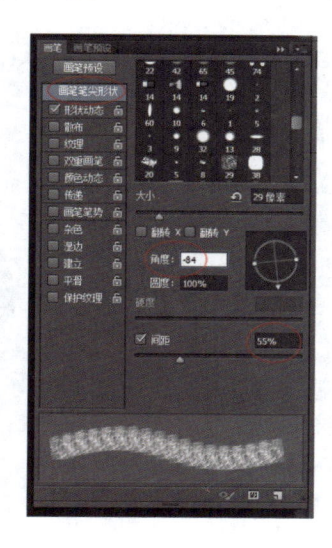

图2-95　调整角度

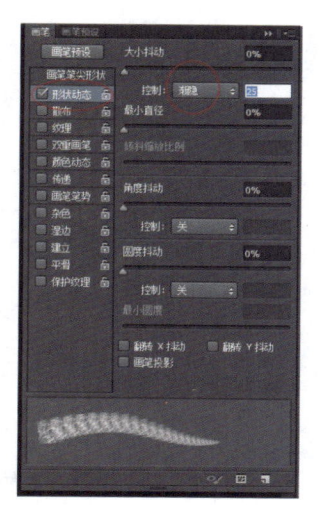

图2-96　设置钢笔压力为【渐隐】

（2）绘制五官及面部结构。黑种人的皮肤色偏红，鼻头较大，口周肌肉较为明显，因此先绘制一个啡色的皮肤底色，在此基础上用棕色绘制皮肤的暗部，包括鼻底（倒三角位）、脖子阴影等；鼻根和颧骨用偏红的深棕色强调鼻梁和颧骨的立体感，进一步加深眼窝、眼尾和下眼睑。注意暗部的层次过渡要自然柔和，用亮色提亮鼻梁、鼻头、下唇凸起的部分以及下巴突出的部位（图2-97）。

3. 礼服的面料肌理效果表达

（1）丝绸质感的明暗关系。在Adobe Photoshop线稿的基础上，分别建立服装的选区，填充好服装底色，保存为PSD格式。在SAI软件中打开该文件，使用SAI软件中的水彩笔工具（图2-98），调整服装的亮部色彩和固有色，设置混色数值，数值越大，混色效果越明显，根据画面需要调整水分量和色延伸数值的大小。绘制丝绸质感的裙子，要注意明暗关系的色彩过渡（图2-99）。

图2-97　绘制五官及面部结构

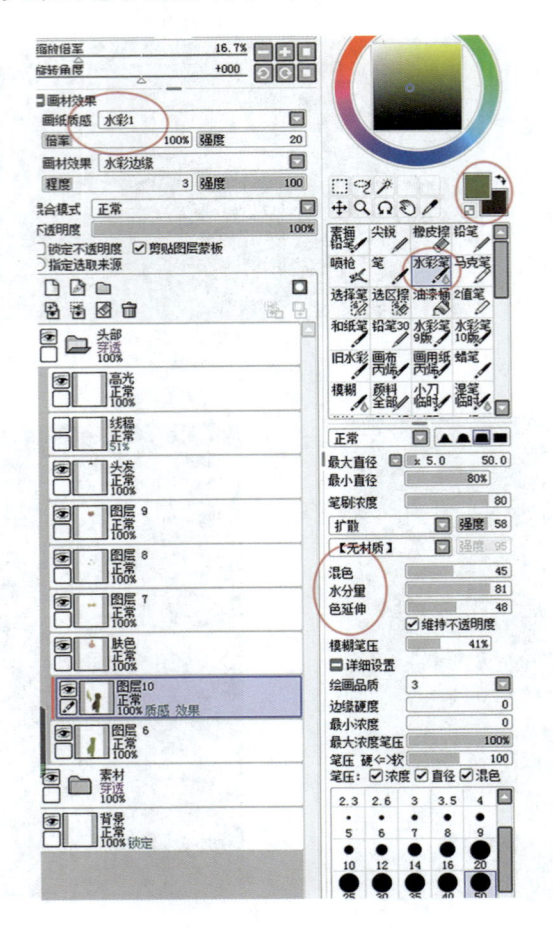

图2-98　SAI软件中的水彩笔工具

图2-99　绘制丝绸质感的裙子

（2）绘制亮片、珠片。在Adobe Photoshop软件中新建图层，用钢笔工具绘制手筒的区域，填入基础底色（图2-100）。复制该图层，选择【滤镜】【杂色】【增加杂色】（图2-101），设置数量为56%左右，选择【高斯分布】，勾选【单色】。选择【滤镜】【滤镜库】【水彩】（图2-102、图2-103），根据需要表现的效果调整数值，设置该图层模式为【正片叠底】，完成面料基础风格设计。

图2-100　填入基础底色

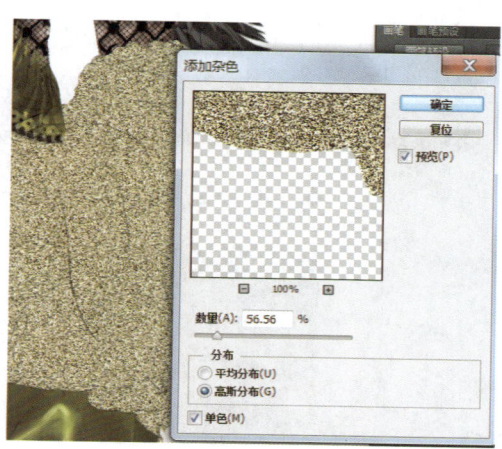

图2-101　滤镜—杂色—增加杂色

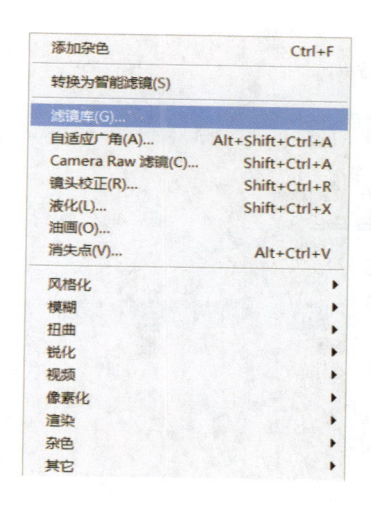

图2-102　滤镜—滤镜库

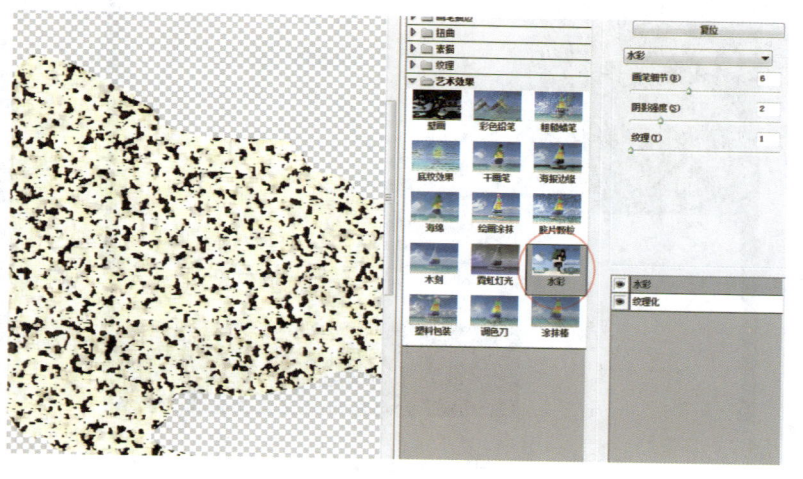

图2-103　滤镜—滤镜库—水彩

新建文件，大小为2cm×2cm，分辨率为200dpi，背景内容为白色（图2-104）。选择工具里圆角矩形工具，绘制圆角矩形（图2-105），点击右键，选择【填充路径】（图2-106）。选择设置好的前景色或者背景色，一般选择黑色即可（图2-107）。按回车键取消路径线条，选择【编辑】【定义画笔预设】（图2-108），保存画笔的设计。

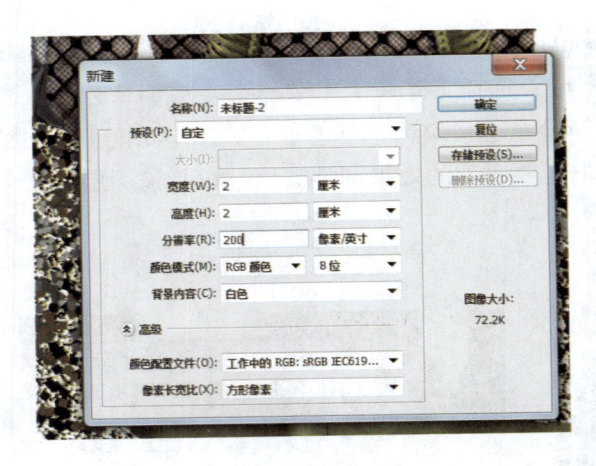

图2-104　新建文件

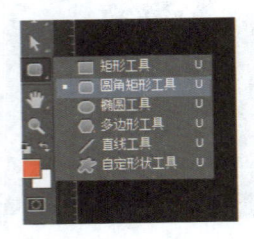

图2-105　圆角矩形工具

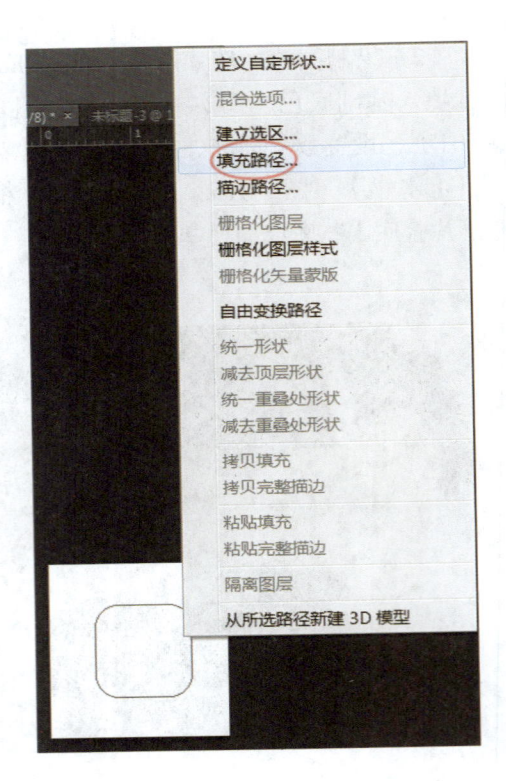

图2-106　填充路径

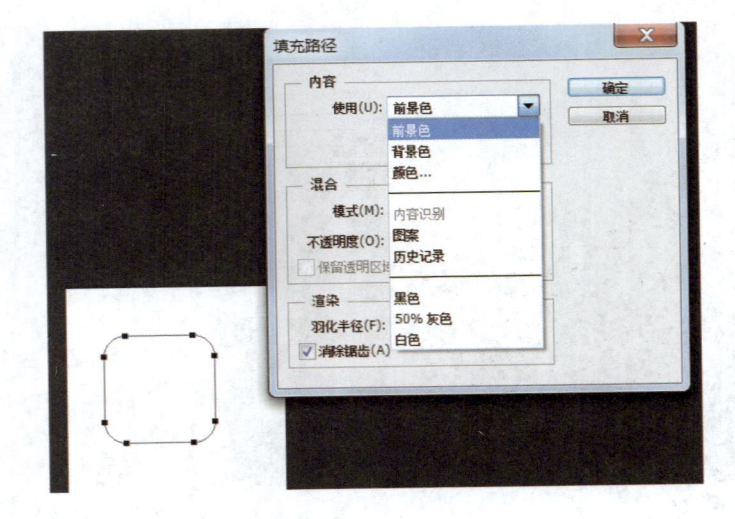

图2-107　选择颜色

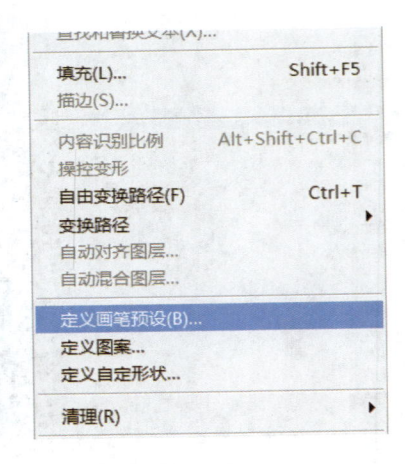

图2-108　编辑—定义画笔预设

选择画笔工具，拉动缩览图对话框至最下端，选择刚设置好的画笔（图2-109），点击画笔面板，选择【画笔笔尖形状】，调整间距为124%（图2-110、图2-111）。勾选【散布】，勾选【两轴】，设置数量为3（图2-112）。勾选【形状动态】，设置【角度抖动】的控制方式为【方向】，调整画笔的大小，绘制不规则散点效果（图2-113）。在暗部使用黑色，中间部可以使用棕色，亮部使用土黄色，按照光线的变化来绘制，体现体积感（图2-114）。

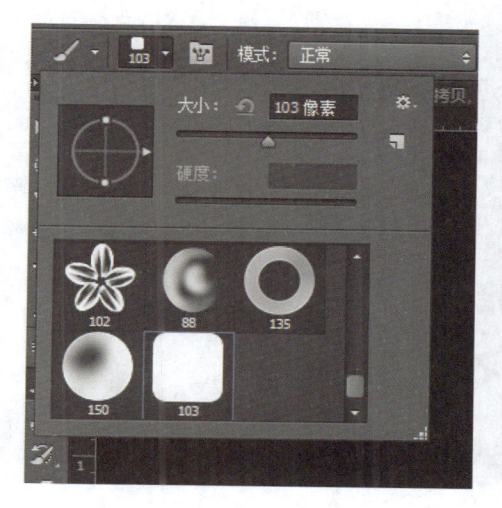

图2-109　选择设置好的画笔 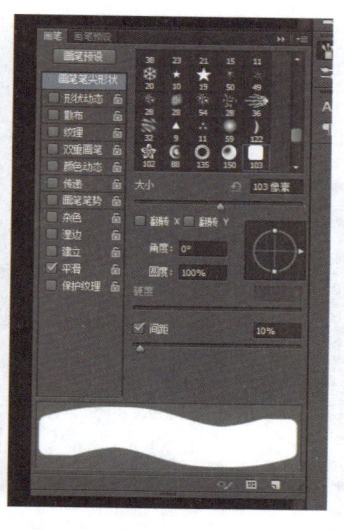　　　图2-110　画笔笔尖形状—调整间距 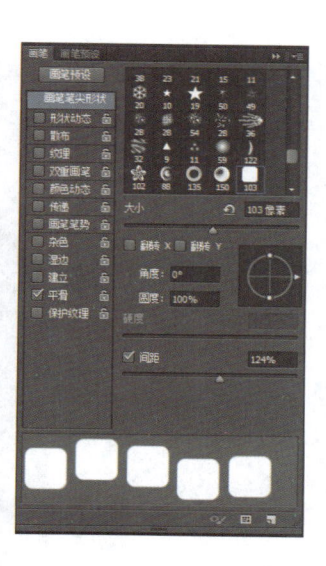　　　图2-111　调整间距

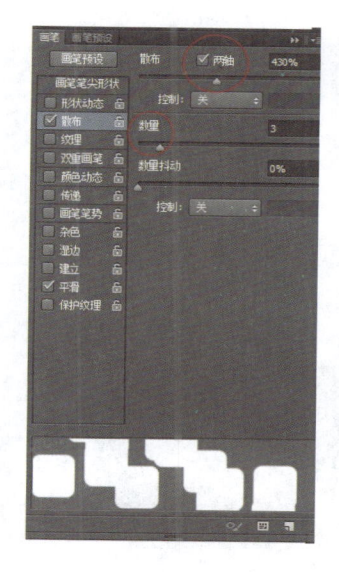

图2-112　散布—勾选两轴 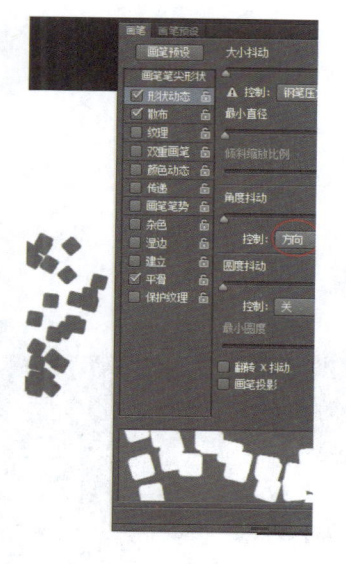　　　图2-113　形状动态—方向 　　　图2-114　绘制底色肌理

　　用同样的方法新建大小为2cm×2cm的文件，分辨率为200dpi，背景内容为白色。选择椭圆工具，按住Shift键拖动鼠标绘制正圆，点击右键，选择【填充路径】，选择设置好的前景色或者背景色，一般选择黑色即可。按回车键取消路径线条，复制该图层，按Ctrl+T，按Shift+Alt键，拉动对角线，中心缩放，在缩小后的圆形中按Delete键删除大圆的中心小圆部分，形成圆环状，选择【编辑】【定义画笔预设】（图2-115），保存画笔的设计，如果想要表现有点透明感的亮片，可以使用浅灰绘制一下局部边缘。用同样的方法调整画笔的间距、散布及方向（图2-116、图2-117），绘制渐变色效果的亮片，先设置好前景色和背景色，选择【颜色动态】，色相抖动设置为15%（图2-118）。调整好画笔大小，颜色选择白色，绘制亮片（图2-119）。

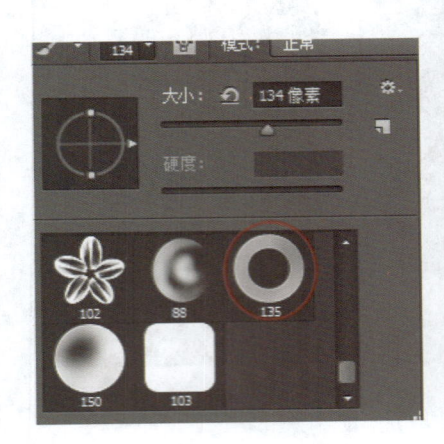

图2-115　编辑—定义画笔预设

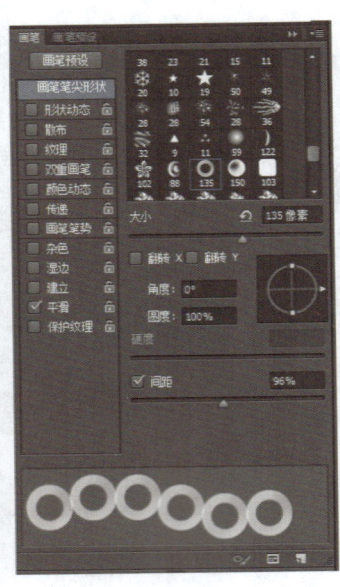

图2-116　调整画笔的间距

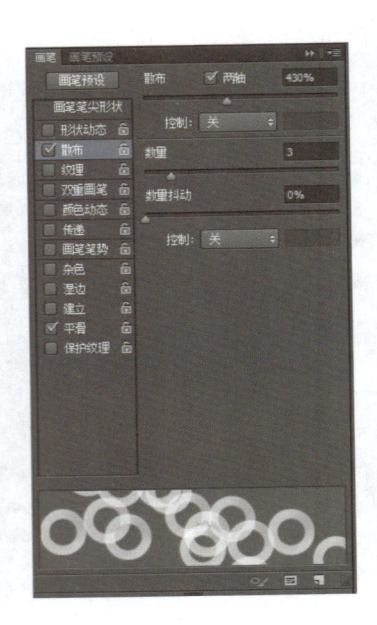

图2-117　调整散布及方向

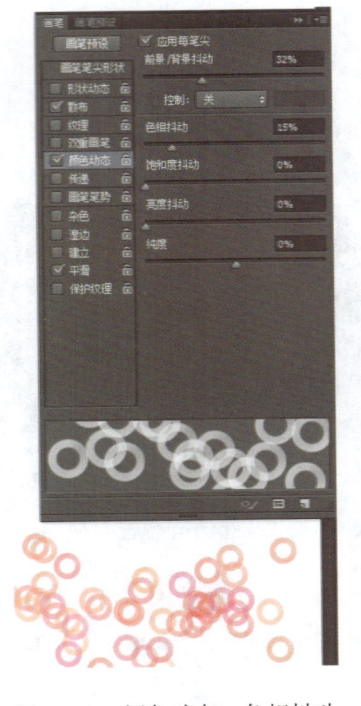

图2-118　颜色动态—色相抖动

图2-119　绘制亮片

用同样的方法新建大小为2cm×2cm的文件，分辨率为200dpi，背景内容为白色。选择椭圆选框工具，使用柔边圆压力不透明笔刷，绘制一个单位花型亮片。复制该单位花型亮片，按Ctrl+T键，旋转到合适角度后，按住Shift+Ctrl+Alt键按回车，等角度复制旋转亮片，形成一个完整的花型（图2-120）。选择【编辑】【定义画笔预设】，调整画笔大小，画笔颜色选择白色，在手筒上任意点画出花型亮片。注意亮片的底色要足够深，才能凸显亮片的效果（图2-121）。

图2-120 绘制花型 　　　　　图2-121 绘制花片

球形的珠子或者铆钉的效果都可以通过画笔预设来快速制作完成（图2-122、图2-123）。

（3）网布的绘制。新建大小为2×2cm的文件，分辨率为200dpi，背景内容为白色。选择椭圆工具，按Shift肩绘制正圆，点击右键，选择【填充路径】，设置好画笔大小，选择钢笔工具，绘制对角线，在右键菜单栏中选择【描边路径】（图2-124）。选择【编辑】【定义图案】（图2-125）。新建一个文件，大小为20cm×20cm，分辨率300dpi，选择【编辑】【填充】（图2-126），选择【使用】里的图案，在自定图案里选择刚刚绘制好的图案，完成网布面料制作（图2-127）。

图2-122 珠子　　　　图2-123 铆钉

图2-124 绘制图形 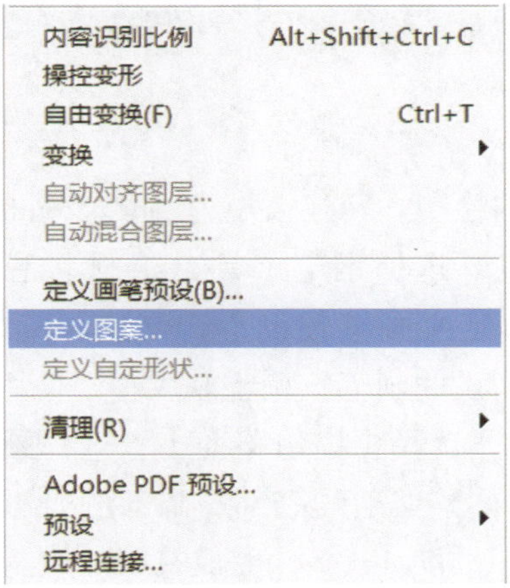　　　　图2-125 编辑—定义图案

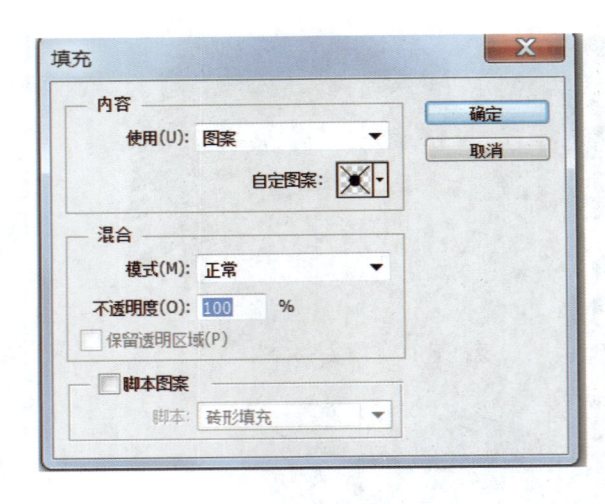

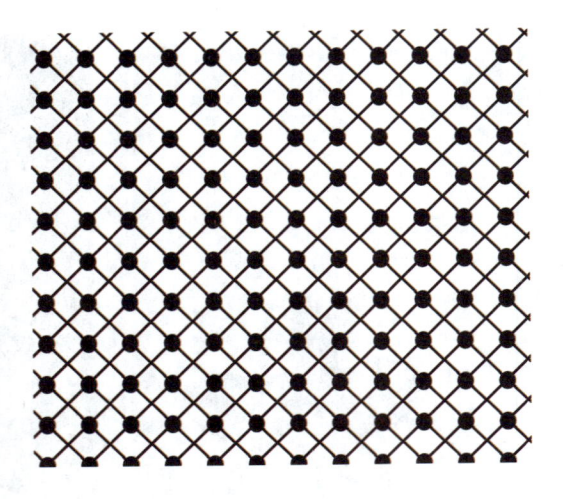

图2-126　自定图案　　　　　　　　　图2-127　完成网布面料制作

复制网布面料至效果图中，钢笔工具勾选外部线条，建立选区后，在右键菜单栏中点击【选择反向】反选删除多余的部分。选择【滤镜】【液化】，在左侧工具栏中选择膨胀工具绘制凸起的胸部，选择褶皱工具绘制胸下形成的褶皱（图2-128）。

图2-128　滤镜—液化

（4）羽毛的绘制。新建大小为2cm×2cm的文件，分辨率为200dpi，背景内容为白色。选择钢笔工具，绘制羽毛的外轮廓（图2-129）。选择【编辑】【定义画笔预设】，调整画笔的间距、动态方向等（图2-130）。选择新设的画笔，调整好大小，使用钢笔工具绘制羽毛排列的路径，点击右键，选择【描边路径】，选择画笔。使用工具里的减淡工具、加深工具，调整羽毛的亮部与暗部的光影。调整色彩，绘制不同颜色和部位的羽毛（图2-131），完成礼服的绘制（图2-132）。

图2-129　绘制羽毛

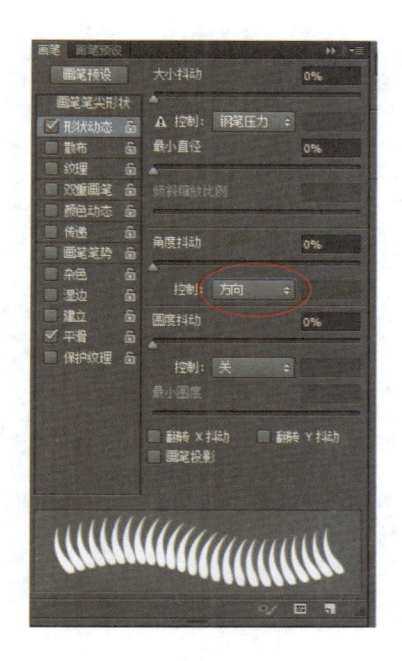

模块二　礼服设计与效果图表现 | 063

图2-130　画笔的间距—动态方向

图2-131　绘制羽毛

图2-132　完成礼服的绘制

作业练习：

1. 绘制两款礼服裙，要求设计新颖，可以使用同一人体动态，大小为A3，分辨率为300dpi，注意构图设计的合理与美观。

2. 绘制一款时尚礼服效果图，大小为A3，分辨率为400dpi，使用Adobe Photoshop软件和SAI软件完成效果图，使用多种面料材质表达。

模块三　女套装款式拓展与平面款式图表现

项目一　运用CorelDRAW软件绘制女套装基础平面款式图

上课时数：2课时

能力目标：通过教学，使学生掌握CorelDRAW软件绘制服装平面款式图的方法，能够准确表达套装廓型比例，合理设计服装结构。

知识目标：灵活配合使用CorelDRAW软件中的工具，准确表达出女套装服装款式结构

重　　点：女套装的款式结构绘制

难　　点：女套装的廓型比例与内部结构准确性

课前准备：查阅下载有关女套装的平面款式图片，分析女套装绘制廓型比例

一、设备准备

1. 计算机绘图的基本软件与工具

目前比较常用的计算机绘制服装平面款式图的软件有CorelDRAW软件、Illustrator软件（图3-1），二者都是矢量图软件。简单地说，就是画面缩放时不会失真的图像格式。CorelDRAW软件是由加拿大Corel公司推出的图形设计软件包，集图形绘制、文字编辑、图形效果处理等功能于一体（图3-2）。Illustrator软件是美国Adobe公司出品的矢量绘图软件，主要功能包括绘制矢量插画图、版面设计、位图编辑、图形编辑等（图3-3）。两款软件都广泛应用于服装平面款式绘制、产品包装设计、CI策划、广告平面设计等，画者可以根据自己的喜好和绘图习惯进行选择。

图3-1　CorelDRAW软件和Adobe Illustrator软件

2. CorelDRAW软件常规设置

CorelDRAW软件的界面由菜单栏、属性栏、工具箱和各种面板构成（图3-4）。菜单栏，位于用户界面的最顶部，包含程序主要菜单；属性栏，显示相关工具的属性，并提供属性修改接口；工具箱，包含图像编辑与处理的各种工具；颜色面板，可以方便地选取绘图所需的各种颜色。

CorelDRAW软件里的贝塞尔工具是服装平面款式绘制的核心工具，工具的使用类似PS软件里的钢笔工具，不同的是贝塞尔绘制的是线条，而PS钢笔工具绘制的是路径。贝塞尔工具绘制的线条图形是矢量图，放大后仍然保持清晰度不变（图3-5）。

CorelDRAW软件里可以在交互式工具里设置图形的透明度、阴影、图形的有序复制、线条变形等功能（图3-6）。

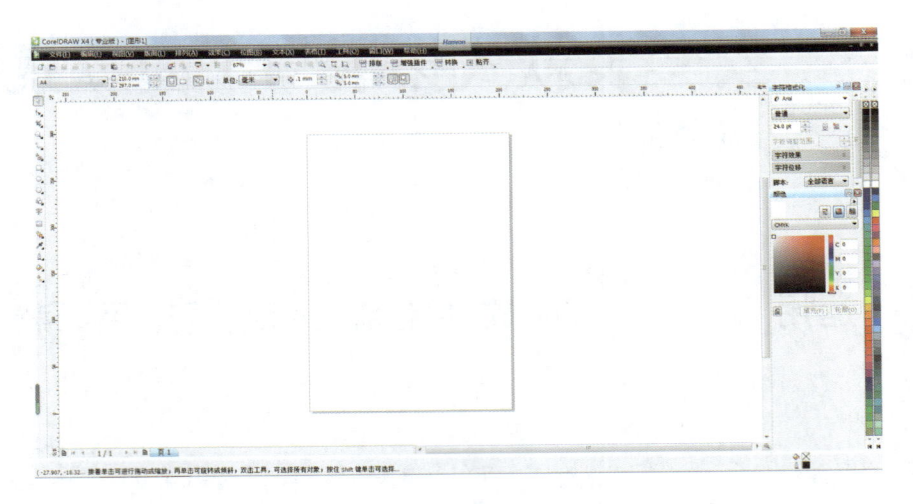

图3-2 CorelDRAW软件界面

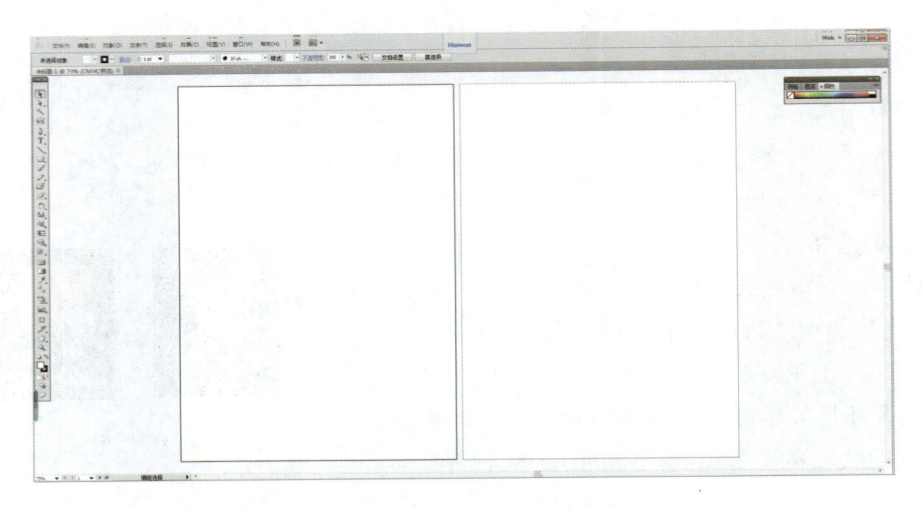

图3-3 Adobe Illustrator软件界面

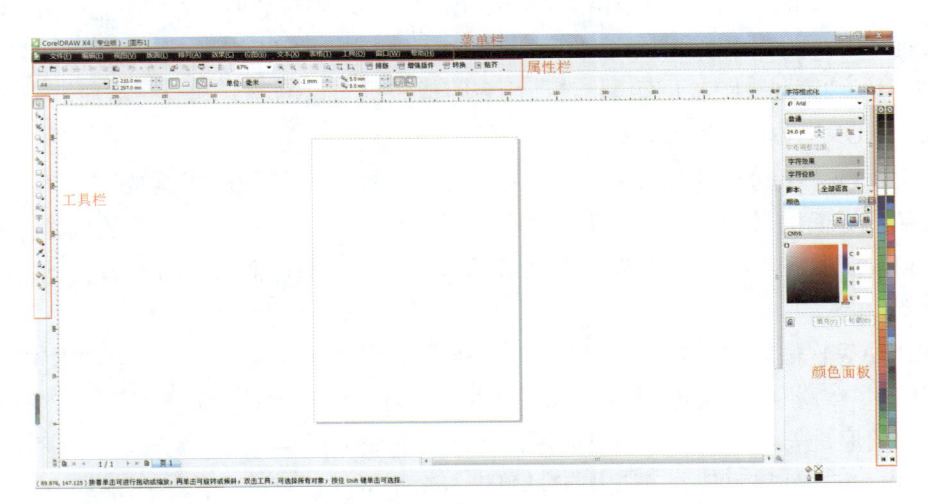

图3-4 CorelDRAW软件界面分布

图3-5　贝塞尔工具　　　　　　　图3-6　交互式工具

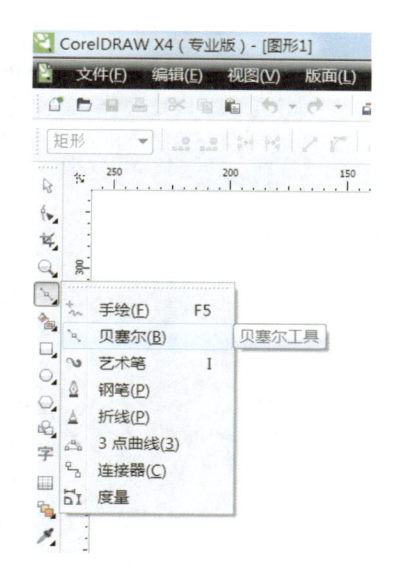

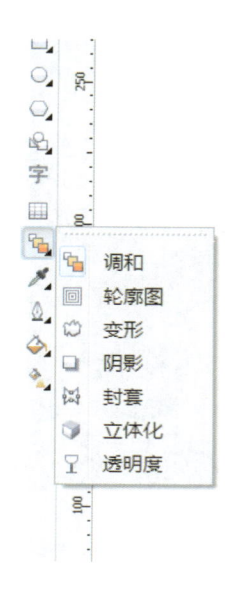

3. Adobe Illustrator软件常规设置

Adobe Illustrator软件的界面布局与PS的基本一致，操作方法也非常相近，界面主要包含菜单栏、工具箱、颜色/历史记录/图层/通道等控制面板（图3-7、图3-8）。菜单栏，位于用户界面的最顶端，包含程序主要菜单；工具箱，包含图像编辑处理的各种工具；颜色/历史记录/图层/通道等控制面板；单击菜单栏中的窗口能显示或隐藏此类面板。Adobe Illustrator软件运行时，会跳出打开或者新建文件的选择面板，可以同时设置多个设计面板。

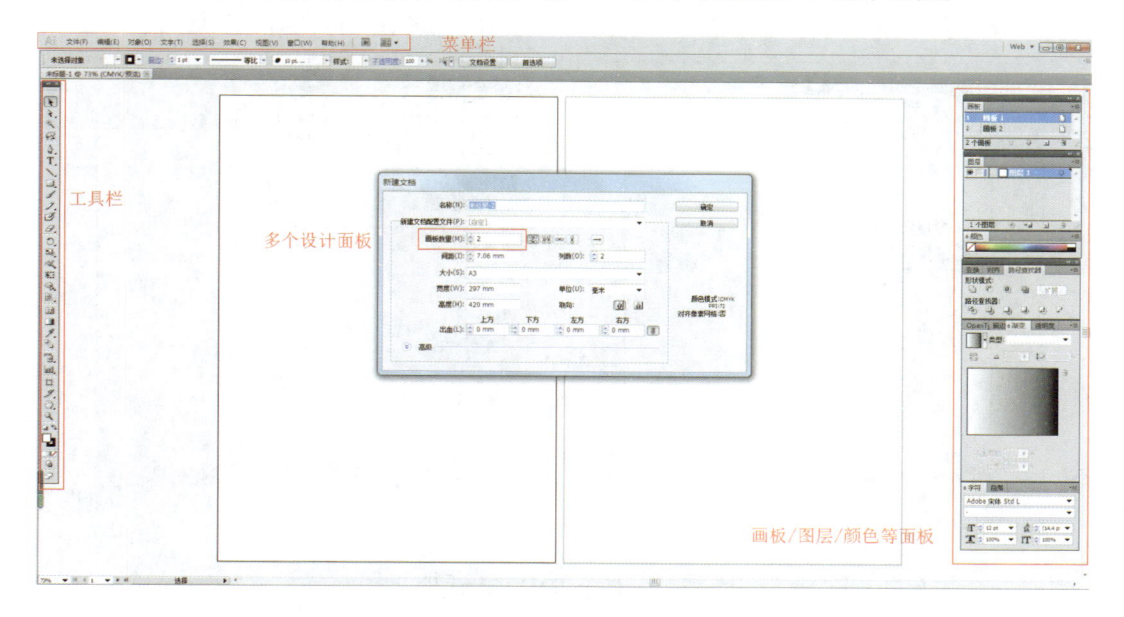

图3-7　Adobe Illustrator软件界面分布

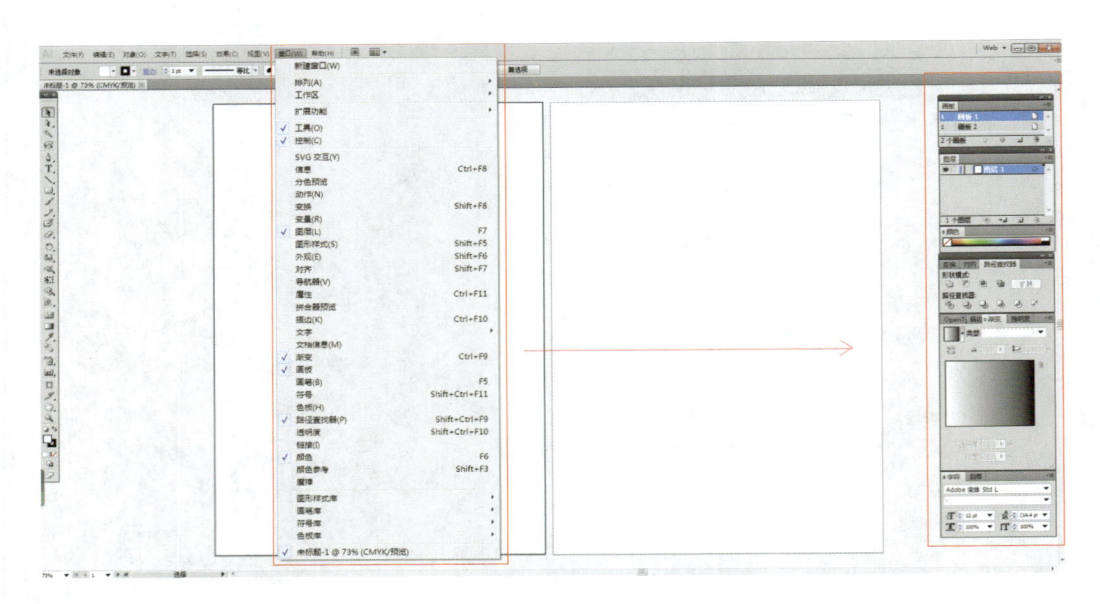

图3-8　Adobe Illustrator软件界面窗口

　　Adobe Illustrator软件选取工具有两个主要的工具，二者有区别，一是选择线条中的节点进行单独调整，二是选择全部图形，复制或者移动。与CorelDRAW软件比较，选择工具使用方法也不同，CorelDRAW选取必须选中全部图形，Adobe Illustrator选取只要选到图形的某一个节点，就会选中此图形的全部（图3-9）。

　　Adobe Illustrator软件的线条绘制、填色需要在属性栏中进行设置（图3-10）。

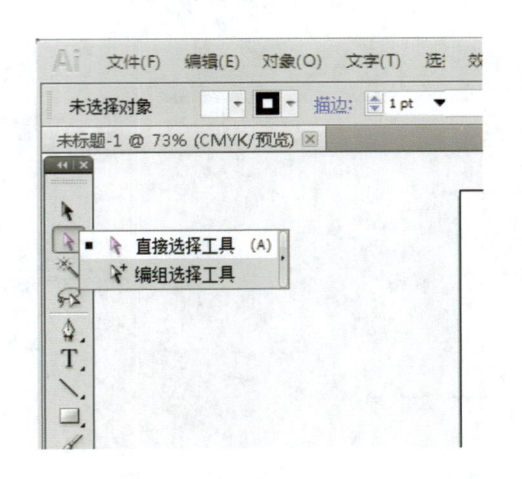

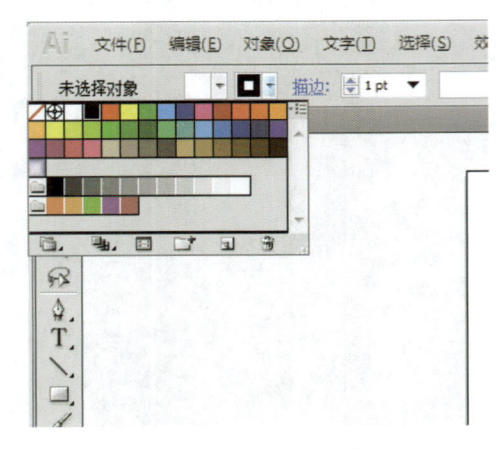

图3-9　Adobe Illustrator选取工具　　　　　图3-10　绘制线条与填色工具

二、女套装基础平面款式图绘制——CorelDRAW软件

1. 设置辅助线

　　新建文件。在界面的上端和左侧的尺寸栏中拖动鼠标，拉出辅助线，设置辅助线，平均三等分，调整每一个小格子为近似正方形的略长方形，中间线为款式图的中轴对称参照

线。在上端加一条参考线，高度约长方形宽的1/4。辅助线分别设定的款式图部位包括前中线、侧边线、肩斜、胸围线、腰围线、臀围线（图3-11）；左键点击辅助线不放拖动，可以移动辅助线位置，左键点击并按Delete键可以去除辅助线。

2. 绘制基础衣片

在左侧工具栏的手绘工具中选择贝塞尔工具绘制套装前幅廓型轮廓，由侧颈点至肩点，到腰点和臀外点，到前门襟位再回到颈侧点，形成封闭的线条。注意绘制出肩部的斜度，腰节位置要收进，臀部位置要放宽，肩部的宽度与臀部的宽度近似（图3-12）。

图3-11　设置辅助线

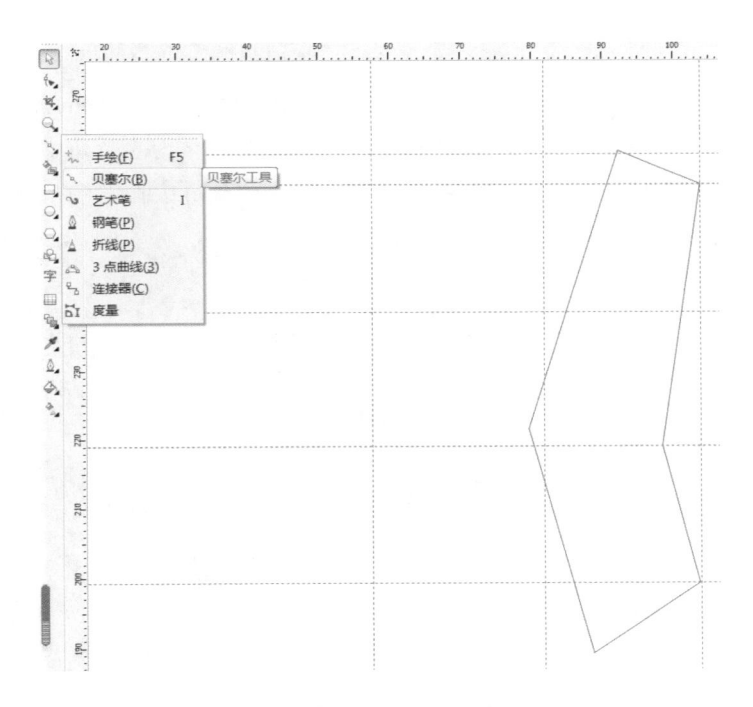

图3-12　绘制基础衣片

3. 调整衣片弧线

在左侧工具栏中选择形状工具，选择衣片节点，点击属性栏中的【转换为曲线】，或者点击右键选择【到曲线】（图3-13），点击需要调整的线条，通过调整两端杠杆的长度和大小，来调整廓型线条的弧度，主要调整的部位是领位翻折线、前胸外廓型线及下脚摆线，根据人体结构起伏变化规律及服装特点来绘制（图3-14）。

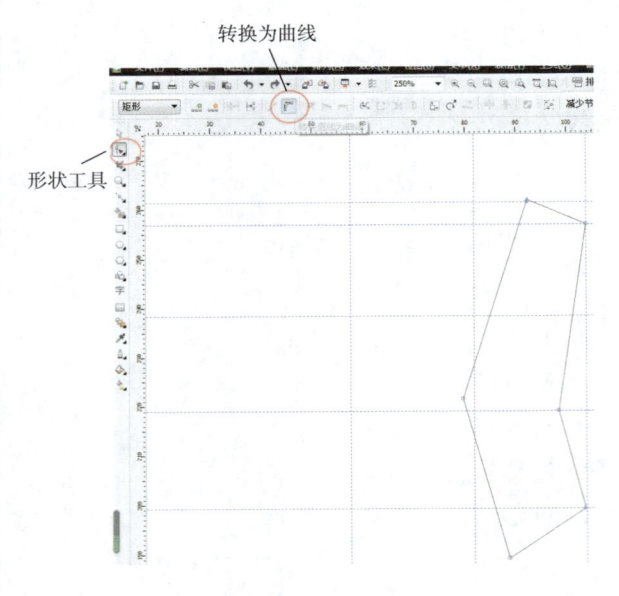

图3-13 调整衣片弧线　　　　　　　　　图3-14 调整衣片弧线

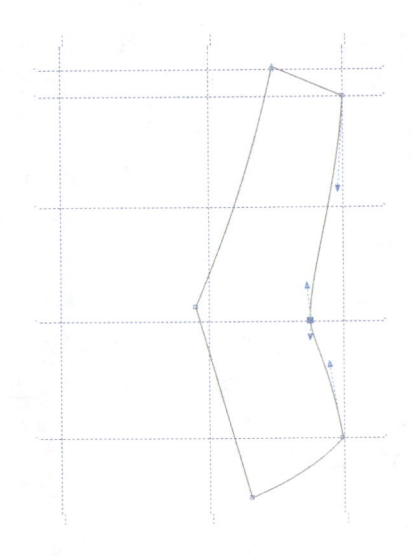

4. 绘制领子

用贝塞尔工具绘制西装领的外廓型，注意要为封闭线条。注意颈侧位的领子要呈45°角左右，有一定的领高，与肩线不在一水平线上。将直线转为曲线，调整曲度，表现出领子的翻折线和外口线条的美感（图3-15）。填充领子的颜色，颜色可以在右侧色彩栏中直接左键点取，也可以打开拾色器，选择合适的色彩填充。

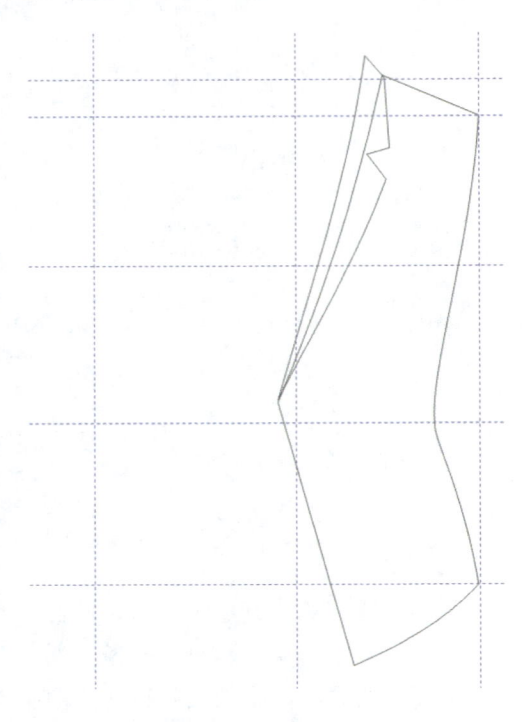

图3-15 绘制领子

5. 绘制袖子

使用贝塞尔工具绘制袖子的外廓型（图3-16），点击右键选择【到曲线】，调整杠杆，绘制袖窿头的隆起的效果（图3-17），套装的肩头一般有垫肩棉，肩头要有容量，绘制时注意袖头隆起的弧度与饱满度。西装袖符合手臂的形态，有略微前倾的效果，调整袖子外廓型的线条，有一定的前倾弯度（图3-18）。将袖子和衣身分别填充颜色（图3-19），将袖子放置在衣身后面，快捷键为Shift+PgDn（图3-20）。在画面空白处点击并拉动左键使用挑选工具，框选整个半边衣身进行群组，快捷键为Ctrl+G（打散群组为Ctrl+U），复制，镜像翻转（图3-21），对齐顶端，同时选取两个衣片，点击字母T或者选择属性栏【排列】【对齐与分布】【顶端对齐】（图3-22）。

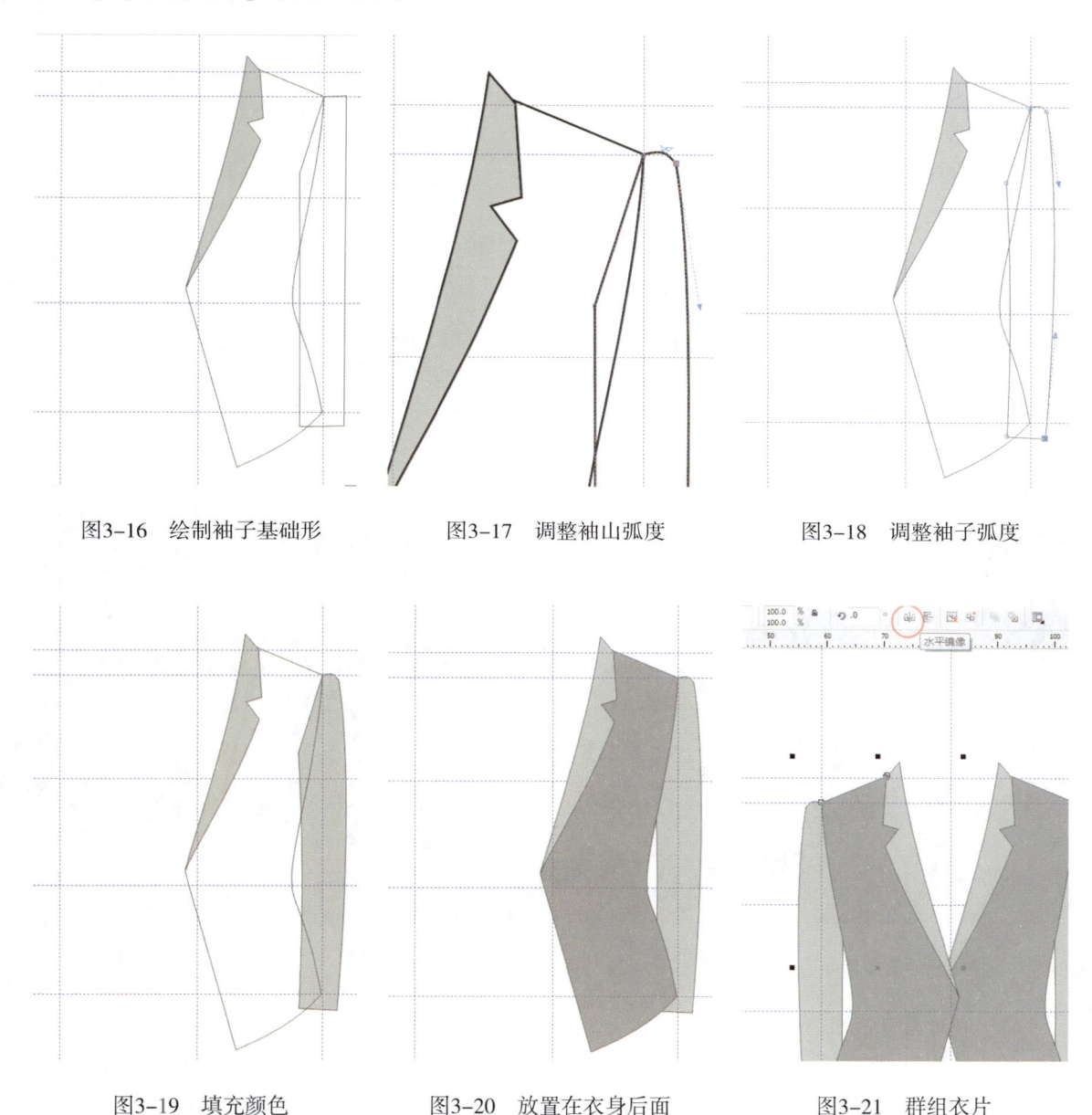

图3-16　绘制袖子基础形　　　图3-17　调整袖山弧度　　　图3-18　调整袖子弧度

图3-19　填充颜色　　　图3-20　放置在衣身后面　　　图3-21　群组衣片

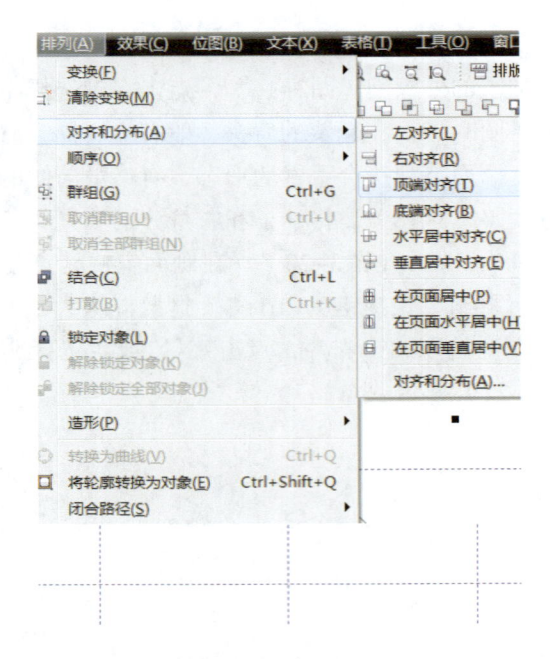

图3-22　镜像翻转

6. 绘制后领

使用贝塞尔工具绘制多边形，将其作为衣身领子部位的里布，填充颜色（图3-23）。点击右键，选择【顺序】【向后一层】（图3-24）。调整后领外口线的弧度，略微向上弧起，绘制后领接缝线和领贴线，调整弧度（图3-25）。

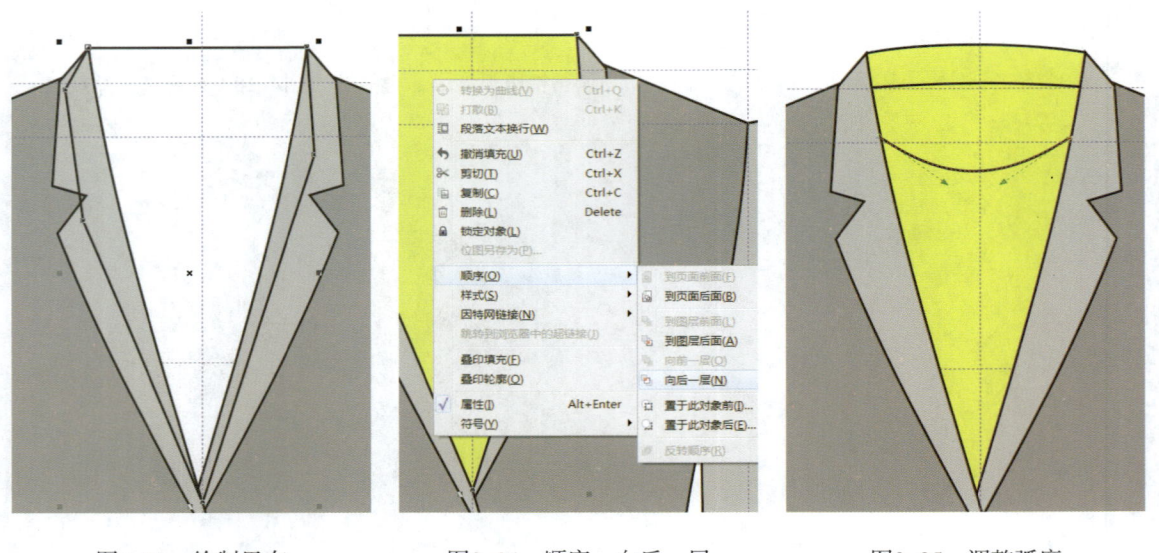

图3-23　绘制里布　　　　图3-24　顺序—向后一层　　　　图3-25　调整弧度

7. 绘制里布后中线

绘制里布后中的折叠缝。使用贝塞尔工具绘制短线，选择【排列】【将轮廓转换为对象】（图3-26），使线条转化成轮廓，调整节点，使线条有渐隐的效果（图3-27）。

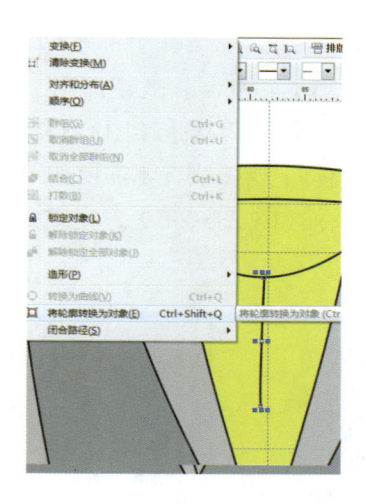

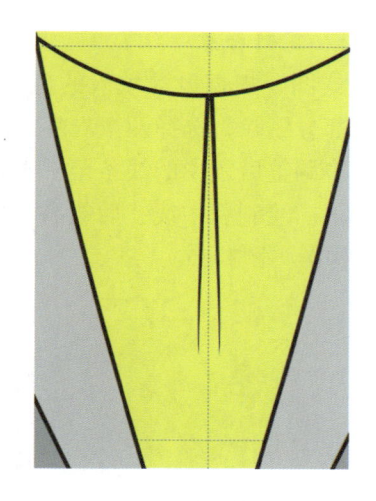

图3-26 绘制里布后中线　　图3-27 排列—将轮廓转换为对象

8. 绘制细节

使用贝塞尔工具绘制套装后片下摆里布的部分，后片下摆的两端要与前片的侧边点对应，点击右键选择【到曲线】，调整下摆的弧度（图3-28），绘制后片下摆的翻折线。选中后片下摆后按Ctrl+G快捷键生成群组，按Shift+PgDn排列至后一层。选择椭圆形工具，按着Shift键，斜角拖动画正圆，放置在领子下端中间线位置（图3-29）。绘制西装领的接驳口线条，绘制前身结构线——公主线。使用矩形工具绘制口袋，点击左键，旋转口袋位置与衣身结构线基本垂直（图3-30~图3-32）。

图3-28 调整下摆的弧度　　图3-29 群组

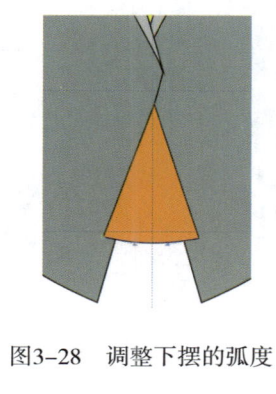

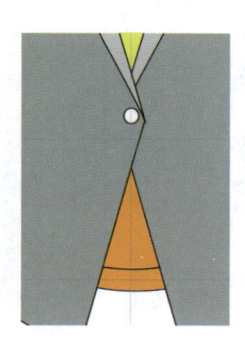

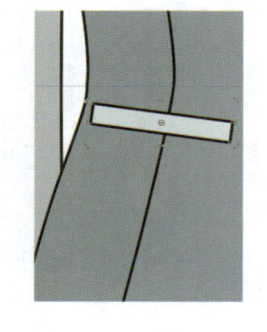

图3-30 矩形工具绘制口袋　　图3-31 旋转口袋位置　　图3-32 款式线稿完成

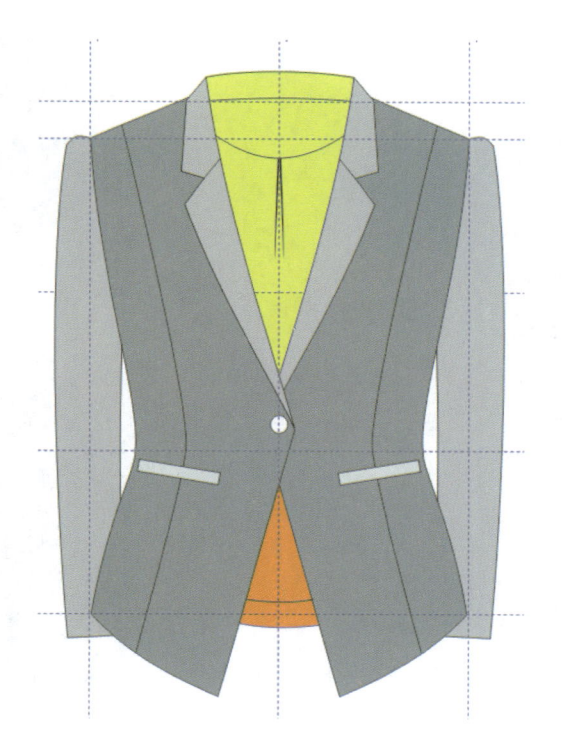

9. 调整色彩、复制衣身

全选套装款式图，根据设计填入的色彩（图3-33）。复制款式正面图，将领子、后领中、后片下摆的部分删除，选择两个衣片，点击属性栏的【焊接】（图3-34），双击中间的节点，删除节点。调整后领中的线条至平直状态，调整下摆弧线，不需要的节点通过双击左键删除（图3-35）。绘制后中线、后领高、后袖线及袖扣（图3-36），完成女西装外套基本款前后的款式结构图（图3-37）。

图3-33 调整色彩、复制衣身

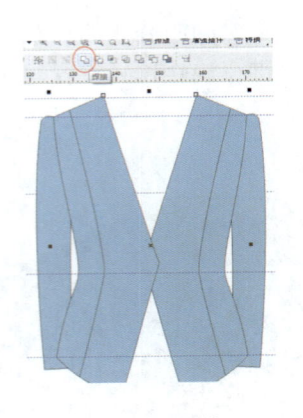

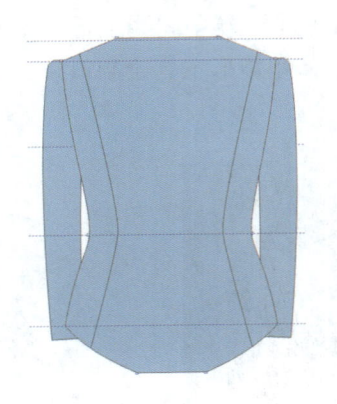

图3-34 焊接　　　图3-35 调整线条　　　图3-36 绘制后背图

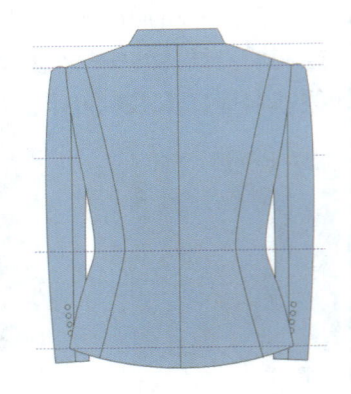

图3-37 款式结构图

10. 效果处理

全选套装款式图，选择【效果】【创建边界】（图3-38、图3-39）。适当加粗边界的线条（图3-40）。点击右侧色彩栏最上端的叉号，取消填充色（图3-41），内部线条与轮廓线条有粗细变化，对平面款式图有一定装饰效果，完成套装基本款的平面款式图（图3-42）。最后，完成女西装外套基本款的款式结构图（图3-43）。

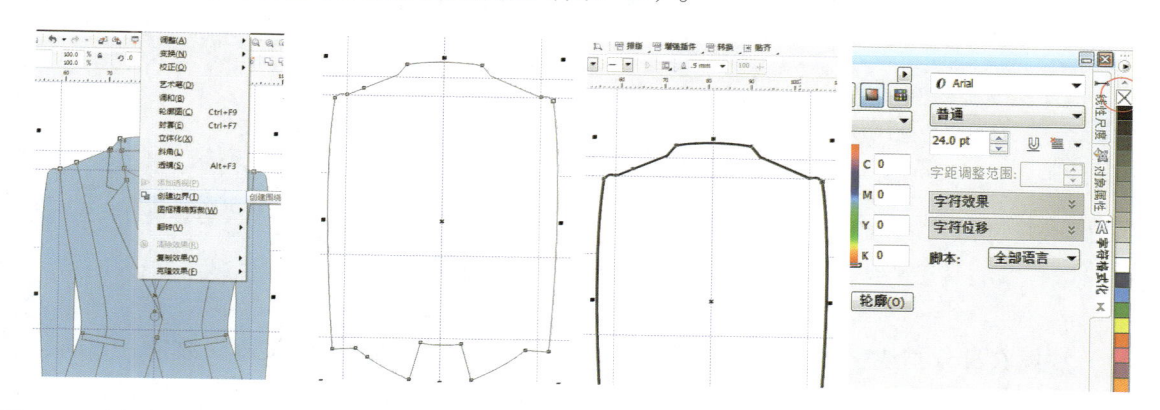

图3-38 选择效果—创建边界　　图3-39 外廓型边框线　　图3-40 加粗边界的线条　　图3-41 取消填充色

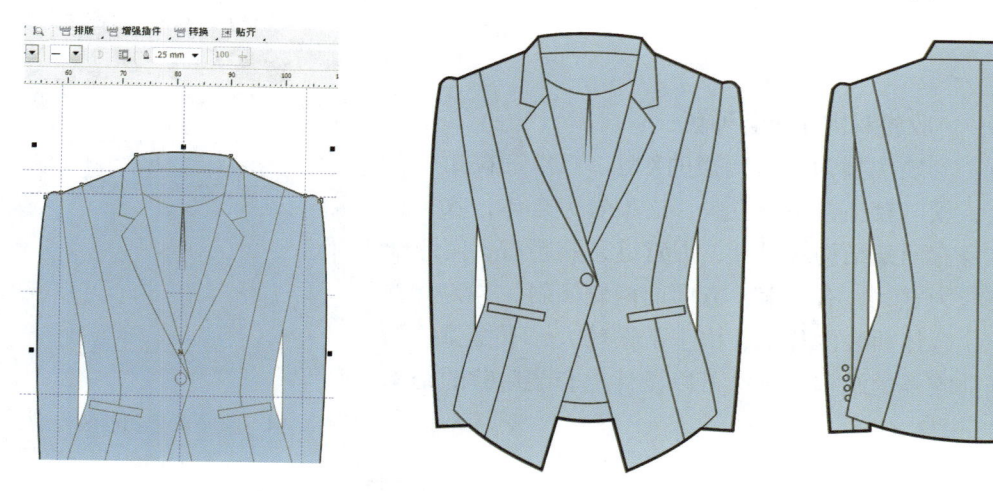

图3-42 完成平面款式图　　　　图3-43 完成款式结构图

作业练习：在女套装基础款式的基础上，设计并绘制三款女套装平面款式图，大小为A3，使用CorelDRAW软件完成款式图，并导出JPG格式，分辨率为300dpi。

项目二　女套装款式与结构线设计

上课时数：4课时

能力目标：通过教学，使学生掌握套装拓展设计的方法，能够使用CorelDRAW软件准确绘制平面款式图，效果图表达完善，有一定的创新意识

知识目标：灵活配合使用CorelDRAW软件中的工具的，准确表达出设计意图

重　　点：女套装的款式设计

难　　点：女套装的结构设计与表现

课前准备：合理表达款式线条，查阅下载有关女套装的款式图片及平面款式图，分析女套装绘制廓型比例与款式设计特点

常规衣身分割线：公主线、刀背缝、胸腰省，可以按照大小、长短、数量、方向、形态等进行变化设计。结构线组合设计：肩部分割拼接、公主线设计、前身片褶裥设计、插肩袖设计、袖山拼接设计、无领、直立领、直驳头、枪驳头、立领、翻领设计等。

一、案例一　收腰双排扣西装外套

款式分析：套装廓型为收腰阔摆的X型，双排三粒扣，领口翻折线偏上，领口较小，小枪驳头，肩型较为合体，衣长超过臀围线，衣身有两条结构线设计，刀背缝，胸腰省，间距较为平均，口袋较为宽大，有袋盖，方向向两侧倾斜，与刀背省基本垂直状态，合体西装两片袖，由于下摆较大，下摆弧线弧度略大。根据前衣身的结构特点，可以设计出套装后背的结构线条（图3-44、图3-45）。

图3-44　收腰双排扣西装外套

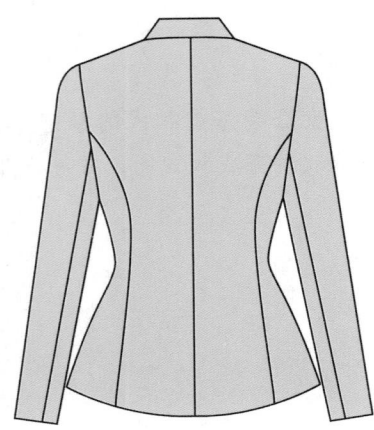

图3-45　款式结构图

二、案例二　断腰收褶西装外套

款式分析：套装廓型为收腰小摆的X型，单排两粒暗扣，领口翻折线比较适中，腰线偏上，领口适中，小枪驳头，肩型较为合体，衣长在臀围线上，衣身为断腰结构，上半身有一条结构线省道设计，下半身腰围线处有活动的褶裥，无口袋设计，合体西装两片袖，直角下摆。根据前衣身的结构特点，可以设计出套装后背的结构线条（图3-46、图3-47）。

图3-46　断腰收褶西装外套　　　　　　　图3-47　款式结构图

三、案例三　直驳头单排扣西装外套

款式分析：套装廓型为收腰的H型，单排两粒扣，扣位在腰线上，领口翻折线比较低，直驳头，肩型较为合体，衣长在臀围线下，衣身有一条刀背缝设计，下摆为圆角，左上有手巾袋设计，腰下两侧单线带，有袋盖，合体西装两片袖。根据前衣身的结构特点，可以设计出套装后背的结构线条（图3-48）。

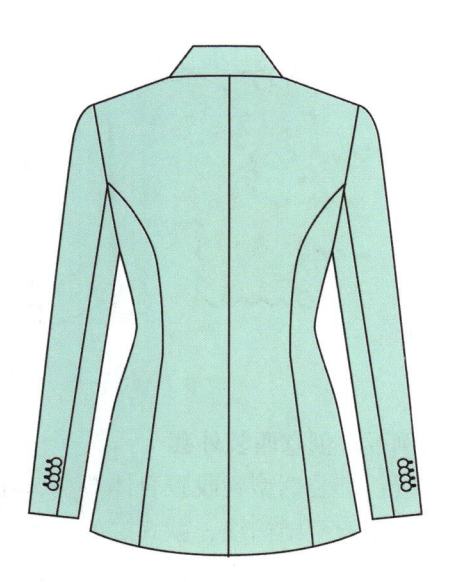

图3-48　款式结构图

四、案例四　立领翘肩西装外套

款式分析：套装廓型为收腰的X型，单排一粒扣，扣位在腰线上，领口为直立领与翻折领结合，翻折线比较低，肩型分割翘肩设计，袖型为合体两片袖，衣长在臀围线，肩部有拼接位，衣身有一条公主线设计，压1/4寸单明线，下摆为直角，面料拼接设计，立领与前后衣身为格子布，肩部拼接与袖子为单色面料。根据前衣身的结构特点，可以设计出套装后背的结构线条（图3-49）。

图3-49　立领翘肩西装外套

五、案例五　创意西装外套

款式分析：套装廓型为收腰合体造型，在参考款式的基础上进行变化设计，款式一主要设计亮点是胸上弯型结构线，款式二的主要设计亮点是插肩袖的袖头褶设计，款式三的主要设计亮点是胸腰的多层褶裥设计，再结合领型、门襟、扣位、下摆的设计，形成完整的创意套装款式。根据前衣身的结构特点，可以设计出套装后背的结构线条（图3-50~图3-53）。

模块三　女套装款式拓展与平面款式图表现 ｜ 079

图3-50　创意西装外套　　　　图3-51　创意西装外套　　　　图3-52　创意西装外套

图3-53　拓展款式结构图

作业练习： 在女套装基础款式的基础上，设计三款有创意的女套装，绘制平面款式图，大小为A3，使用CorelDRAW软件完成款式图，并导出JPG格式，分辨率为300dpi，填充色彩、面料效果。

项目三 运用CorelDRAW、Adobe Photoshop软件表达女套装系列款式拓展设计及平面款式图

上课时数：4课时

能力目标：通过教学，使学生运用CorelDRAW软件绘制女套装平面款式图，款式图表达完善，有一定的创新意识

知识目标：掌握套装系列设计方法，CorelDRAW软件中的工具使用方法

重　　点：女套装结构与面料设计

难　　点：女套装结构、面料效果表现

课前准备：研究女套装配色、面料特点与时尚性

一、绘制女套装系列款式拓展图

1. 绘制款式基础图

新建cdr文件，属性栏设置纸张大小为A3。使用贝塞尔工具和形状工具，绘制女套装左半身衣片结构，通过辅助线确定大致的比例关系（图3-54）。复制前身片，通过焊接完成后身边绘制，前后衣身比例廓型一致（图3-55）。

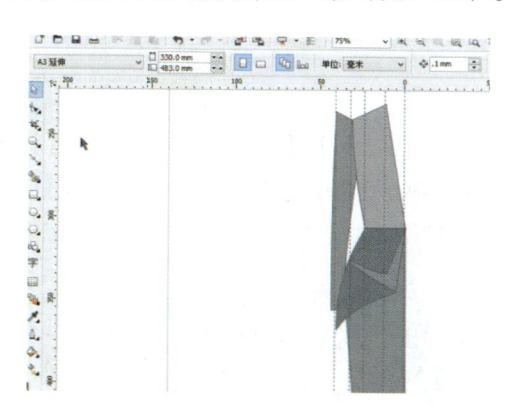

图3-54　绘制款式基础图

图3-55　绘制后背图

2. 绘制基础图案

打开Adobe Photoshop软件，新建文件，纸张大小为20×20cm，分辨率为200dpi。用椭圆选取工具绘制正圆，点击右键选择【描边路径】，填充蓝色。用钢笔工具勾画出玫瑰花的花瓣线条，黑色描边。使用钢笔工具，画笔大小调至20像素左右，勾选【模拟压力】，调整色彩纯度与明度，绘制花型的亮部与暗部，完成后合并各个图层。复制玫瑰花图层，按Ctrl+T选区后缩小放大、旋转，排列出印花图案，再复制，形成印花面料（图3-56~图3-63）。

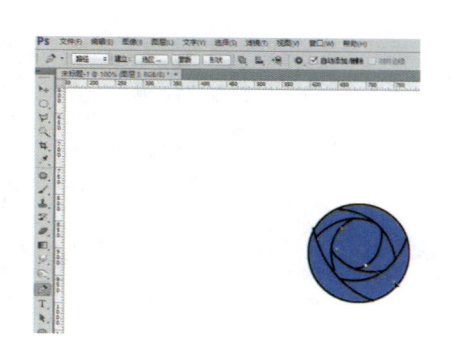

图3-56　绘制基础花型

082 | 成衣设计与立体造型

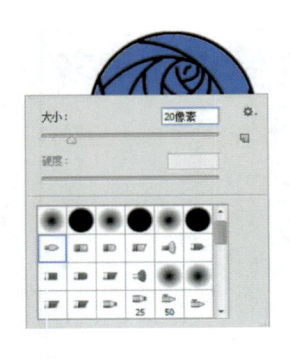

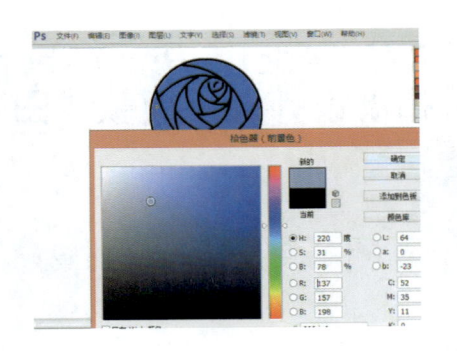

图3-57　调整画笔大小　　图3-58　调整颜色　　图3-59　钢笔工具—模拟压力

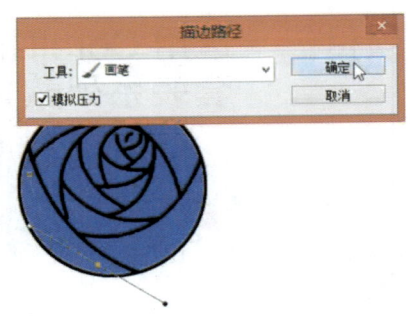

图3-60　绘制花型亮部　图3-61　绘制花型暗部　图3-62　变化效果　　图3-63　复制组合

3. 制作面料肌理

将底色填充面料色彩（图3-64），打开【滤镜】【杂色】【添加杂色】，调整数量为25%（图3-65）；点击【滤镜库】【艺术效果】【粗糙蜡笔】，绘制粗花呢的斜纹面料效果（图3-66）。将制作好的单色面料和图案面料分别存JPG格式（图3-57）。

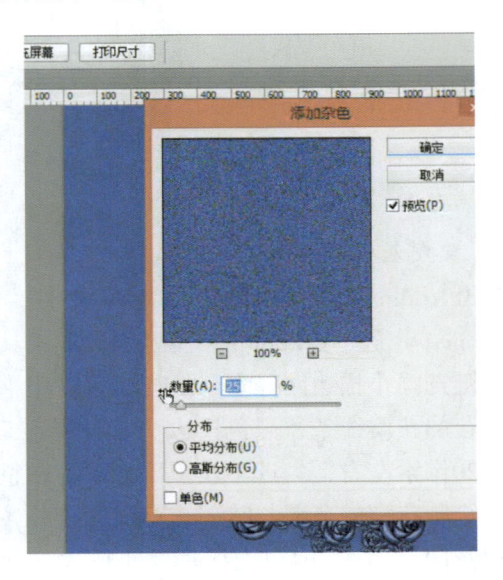

图3-64　填充面料色彩　　　　图3-65　滤镜—杂色—添加杂色

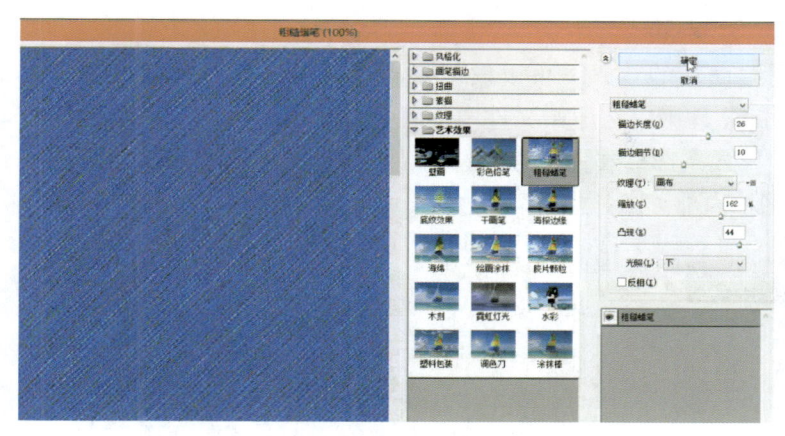

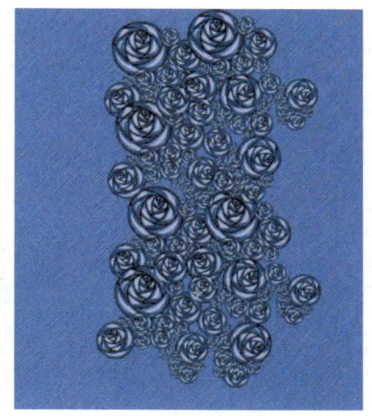

模块三　女套装款式拓展与平面款式图表现 | 083

图3-66　滤镜库—艺术效果—粗糙蜡笔　　　　　图3-67　完成图案面料

4. 填充面料

在CorelDRAW软件款式图文件中导入面料图片（图3-68、图3-69），使用裁剪工具将面料裁切至适当大小，选取面料图片，按住右键拖动进行复制。选择面料，按住右键拖至衣身的封闭框中，点击图框精确裁剪内部，将面料置入衣身封闭框中，注意衣身每个区域都是独立的封闭框（图3-70~图3-72）。

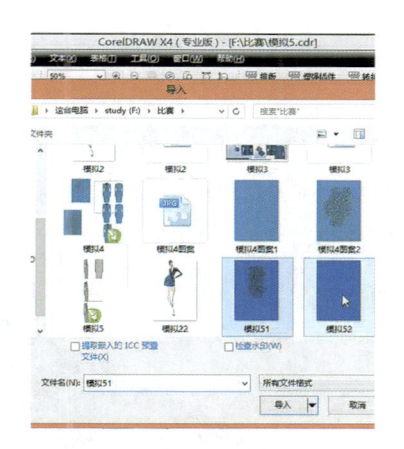

图3-68　导入面料图片　　　　　　　　图3-69　导入面料图片

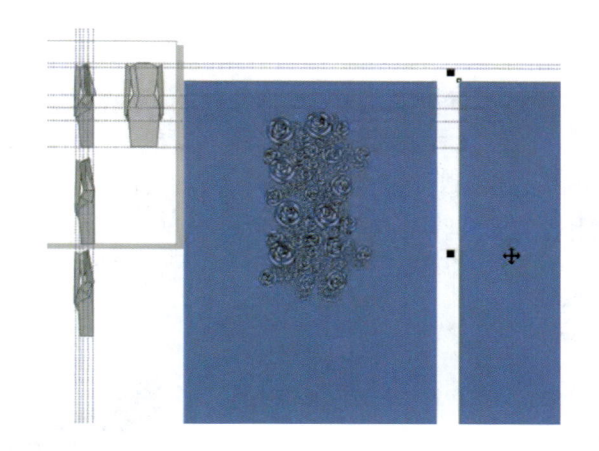

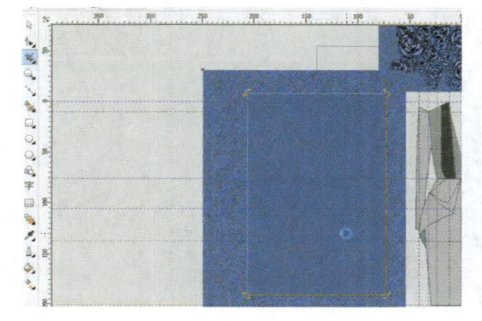

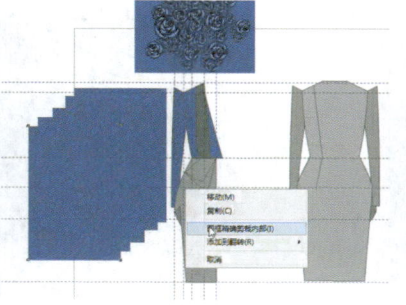

图3-70　右键拖至款式框　　　图3-71　图框精确裁剪内部　　　图3-72　完成面料填充

5. 面料拼接设计

对比服装中单色面料与图案面料的效果，可以发现带有底色的图案面料在填充后效果不明显。回到Adobe Photoshop软件中，在原始文件中把底色去掉（图3-73），再次导出jpg格式，在CorelDRAW软件中导入，选择衣片，点击右键，点击【提取内容】后删除（图3-74），将精确裁剪新的面料图框内部（图3-75）。

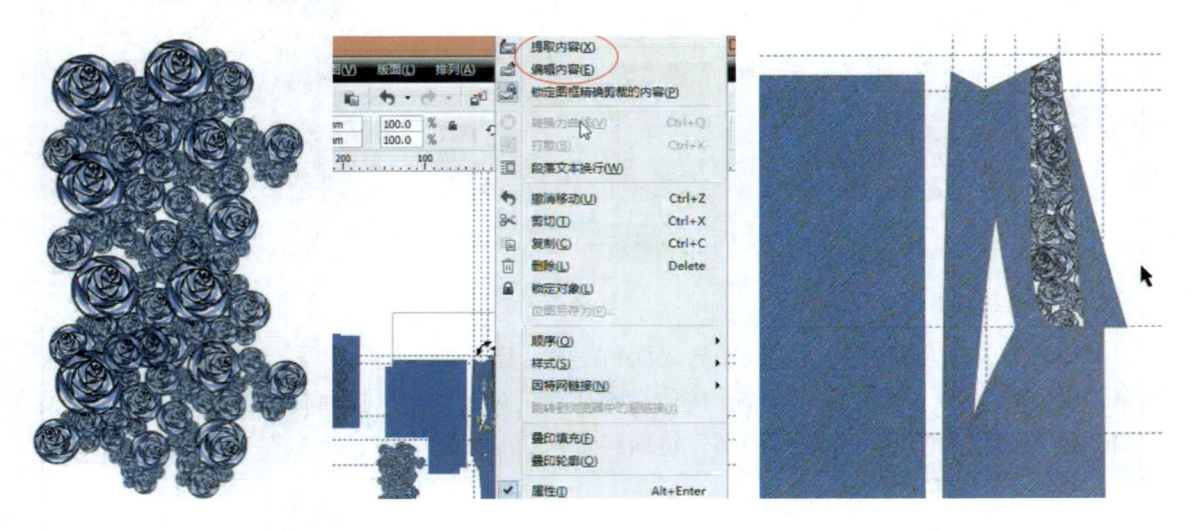

图3-73　把底色去掉　　　　图3-74　导入面料　　　　图3-75　图框精确裁剪内部

6. 调整线条粗度

选择服装款式图的线稿，选择【排列】【将轮廓转换为对象】（图3-76），调整服装外廓型线条的粗细变化（图3-77），使款式的效果更为清晰、明确。受光的部分线条偏细，暗面和阴影的部分线条偏粗（图3-78），调整时应注意线条粗细变化的流畅度（图3-79）。

图3-76　将轮廓转换为对象　　　　图3-77　调整线条

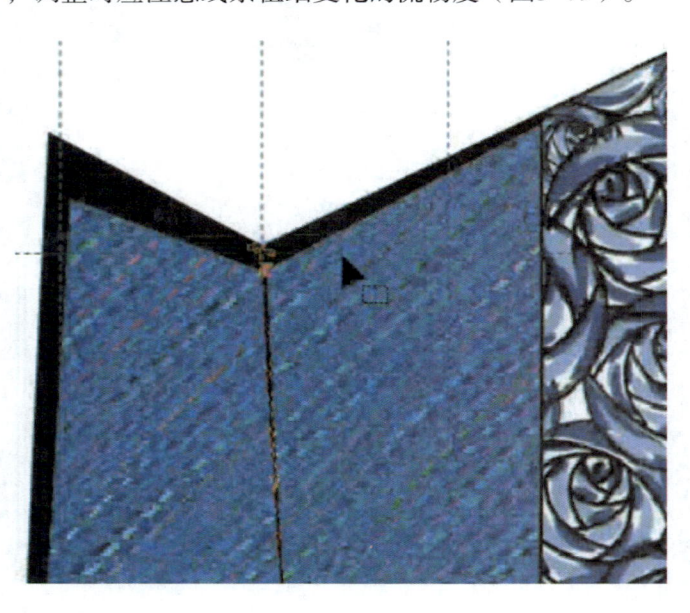

图3-78　调整线条　　　　　　　　　　图3-79　调整线条

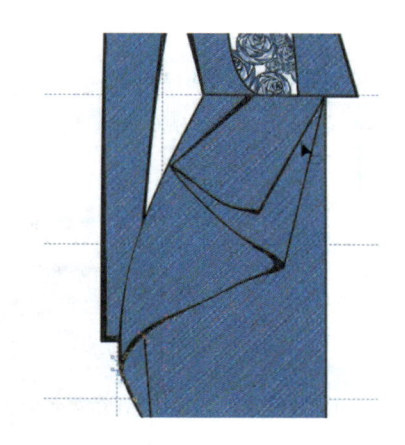

7. 绘制亮部

按Ctrl+G将衣片生成群组，按Ctrl+C和Ctrl+V或者右键拖动复制衣片。将复制出的衣片水平翻转，顶部对齐，调整面料的边缘节点（图3-80），使外框与面料之间保留空白区域（图3-81），使款式线更加清晰。留白区域有粗细大小的变化，主要留白部位在外廓型和主要款式线的边缘（图3-82、图3-83）。

图3-80　调整边缘节点　　　　　　　　图3-81　去掉边框

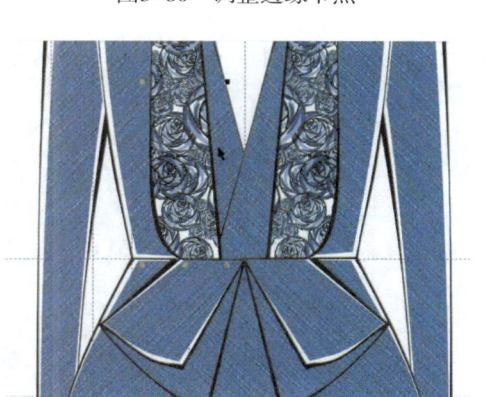

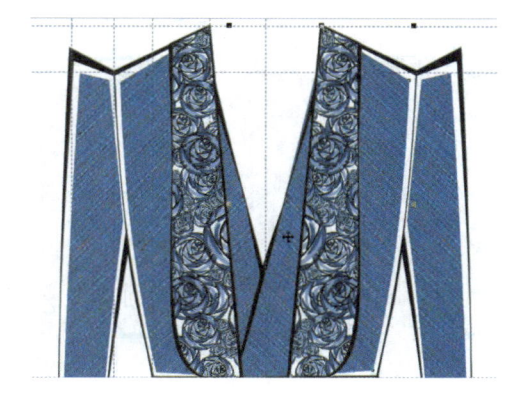

图3-82　留白部位　　　　　　　　　　图3-83　边缘线留白调整

8. 绘制里布

使用贝塞尔工具绘制后领中和里布部分，使用形状工具调整后领的弧线，使其略微向上弧，符合服装与脖子服帖的特点（图3-84）。

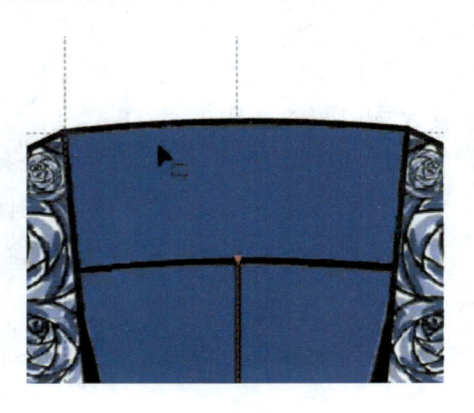

图3-84　绘制里布

9. 绘制面料小样

使用矩形工具绘制正方形，选择工具中的【变形】（图3-85），在属性栏中选择拉链变形，设置拉链振幅为20，拉链频率为20（图3-86），点击右键将面料拖至框内，使图框精确裁剪内部（图3-87、图3-88）。右键点击色彩栏上端的叉号，删除边框线，选择面料小样，左键点击两次，旋转45°，完成制作（图3-89）。

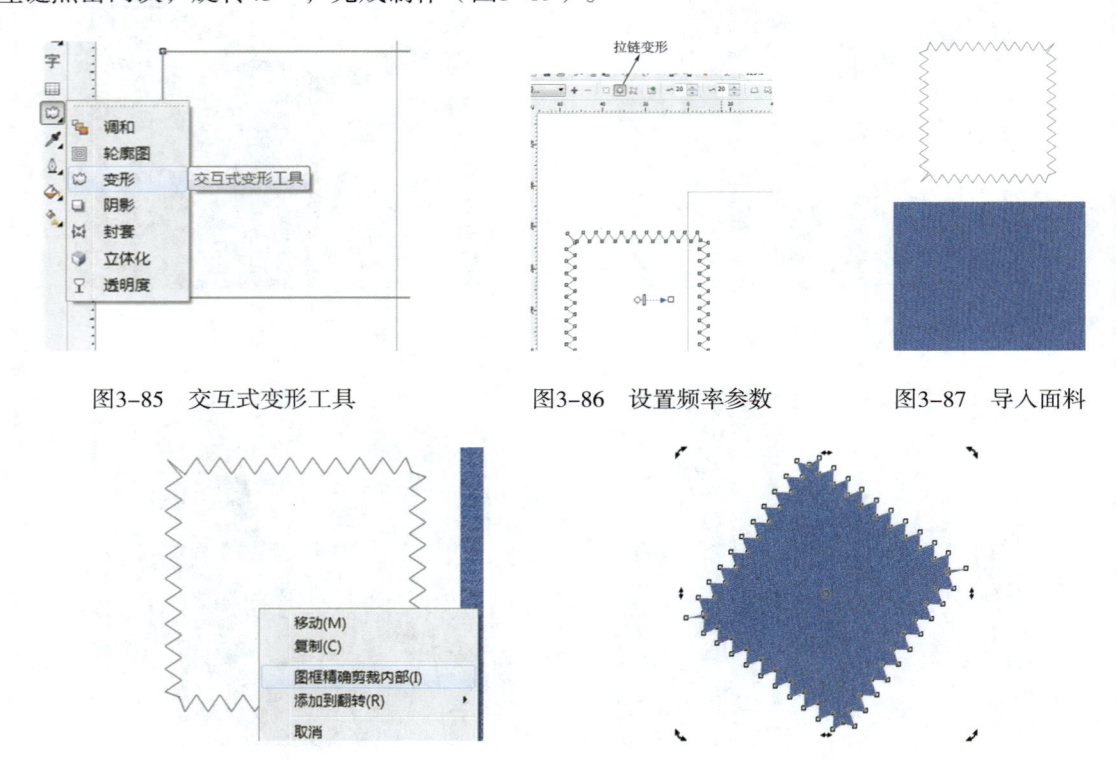

图3-85　交互式变形工具

图3-86　设置频率参数

图3-87　导入面料

图3-88　图框精确裁剪内部

图3-89　旋转45°

二、女套装排版设计

1. 新建文件

此款套装的排版设计可以在CorelDRAW软件中完成，也可以在Adobe Photoshop软件中完成，两者各有优点。先介绍如何在Adobe Photoshop软件里进行排版，将完成好的平面款式图导出为JPG格式（图3-90），在Adobe Photoshop软件中新建文件，大小为A3，分辨率为200~300dpi，将尺寸长度和宽度对调，设置为横向纸面（图3-91）。

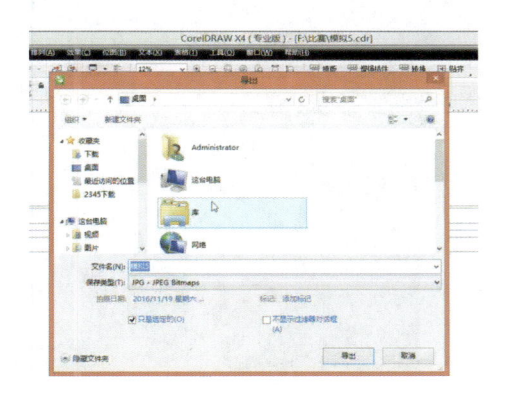

图3-90　新建文件　　　　　　　　　　图3-91　纸张设置

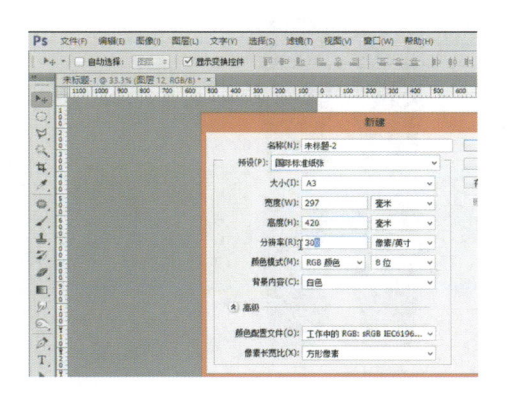

2. 款式图排列

在Adobe Photoshop软件中打开款式图，用魔棒工具选取白色底色，按Delete键删除底色，使款式图变成透明底。点击左键将文件拖动至新建的A3横向纸面上（图3-82），分别选择单个款式图按Ctrl+X键裁剪后，按Ctrl+V键粘贴，自动生成新的图层。将款式图在纸面上进行构图排版设计，正面图层在上，背面图层在下，正面款式图等比例适当拉大（按Shift键拖拉右下角等比例放大），正面图与后背图可以适当交错叠放（图3-83、图3-84）。

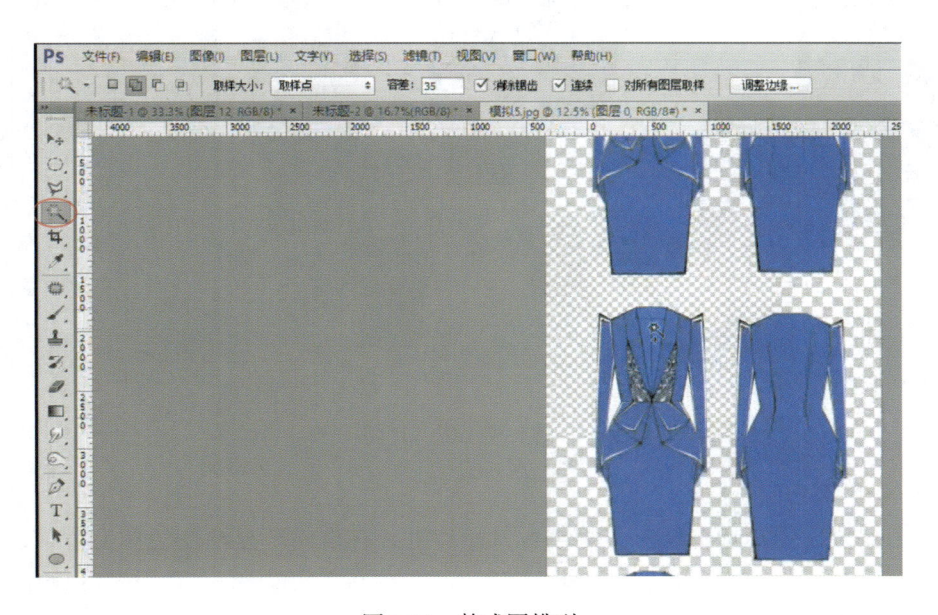

图3-92　款式图排列

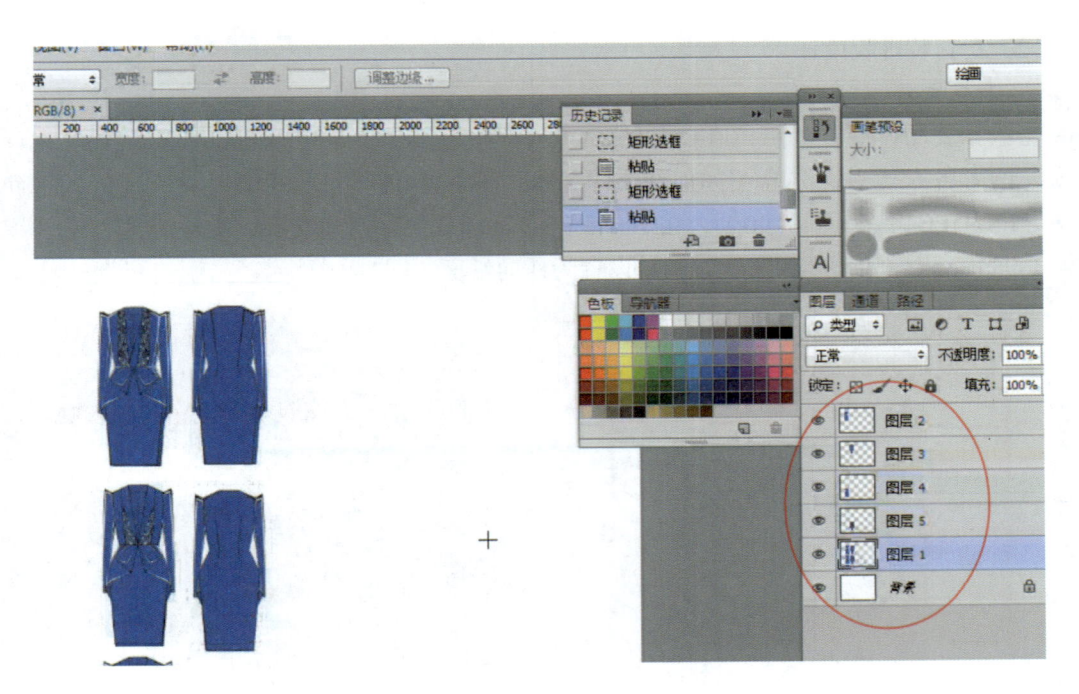

图3-93　分离图层

图3-94　组合排列

3. 绘制背景色

新建图层，使用矩形选框工具绘制背景矩形框，在框内填充渐变色作为背景，在工具栏中选择渐变工具，从上至下由浅至深填充渐变。在画布上方选择一点，按Shift键同时向下拖动鼠标填充，注意控制填充效果的色彩均匀度（图3-95）。

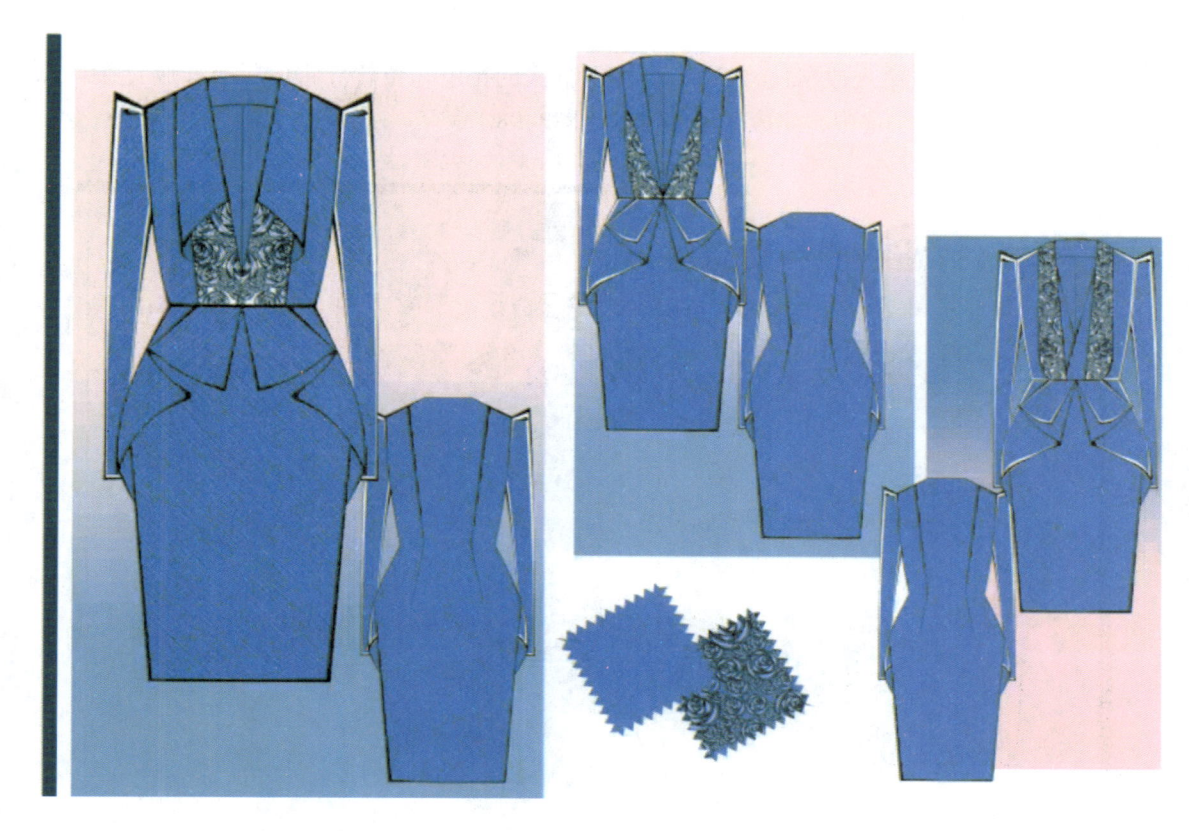

图3-95　绘制背景色

4. 细节设计说明

使用椭圆选框工具绘制正圆形，描边颜色设置为黑色（图3-96）。将款式图中需要说明、强调的细节复制粘贴到新图层，适当放大，按住Ctrl键点击圆形图层，点击【反选】，选择款式复制图层，按Delete键删除圆形选框外的内容（图3-97）。

图3-96　绘制圆形边框　　　　　　　　　图3-97　细节说明

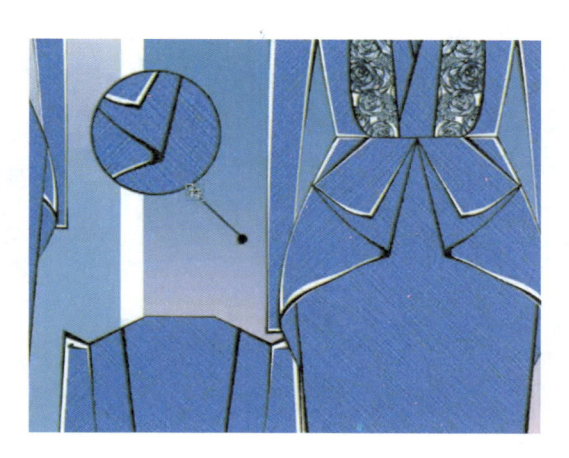

5. 文字工具输入

适当选择字体，输入数字1、2、3，标注出款式的排序与位置。将面料小样放置在款式图的下方，调整至大小适中，完成整体的排版（图3-98）。

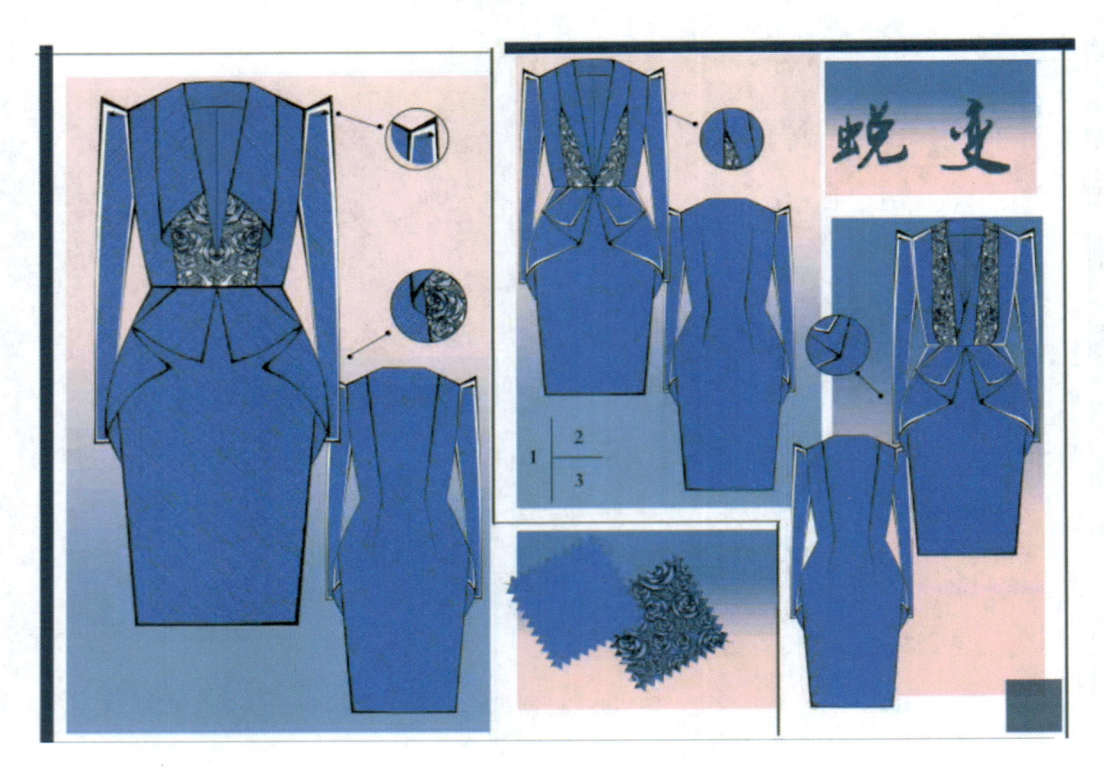

图3-98　完成排版

作业练习：在女套装基础款式的基础上，设计3款有创意的女套装，并绘制平面款式图。大小为A3，使用CorelDRAW软件完成款式图，有面料设计和排版设计，将款式图导出JPG格式，分辨率为300dpi，填充色彩、面料效果。

模块四　礼服款式拓展与结构图表现

项目一　运用 Adobe Illustrator 软件绘制礼服基础廓型

上课时数：2课时

能力目标：通过教学，使学生掌握Adobe Illustrator软件绘制礼服平面款式图的方法，能够完整表达款式图

知识目标：灵活配合使用Adobe Illustrator软件中的工具，准确表达出设计意图

重　　点：Adobe Illustrator软件绘制款式图的主要工具

难　　点：礼服的廓型结构设计与表现

课前准备：查阅下载有关礼服的款式图片，分析礼服绘制廓型比例结构

一、快速搭建女性人体模板——Adobe Illustrator软件

1. 新建文件

打开Adobe Illustrator软件，新建文档，将大小设置为A4，画板数量设置为1，点击【确定】（图4-1）。

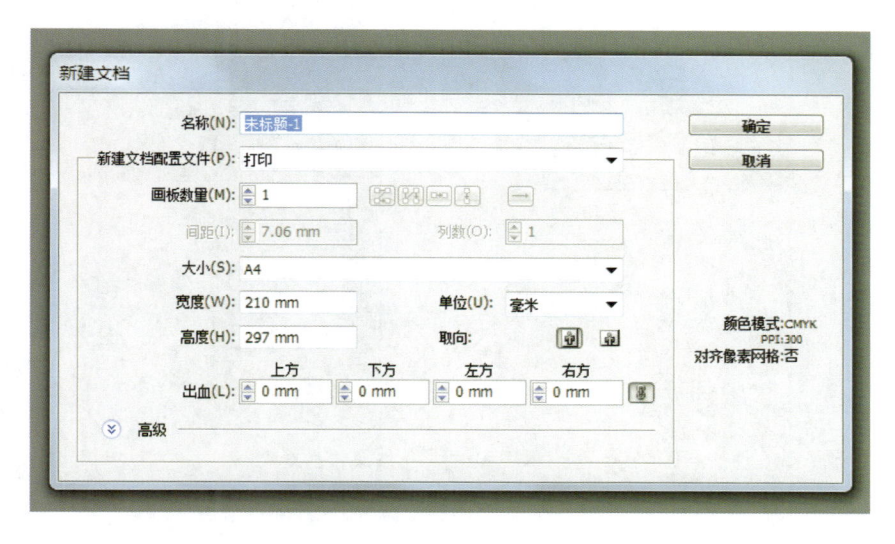

图4-1　新建文件

2. 设置图层

点击菜单栏中的窗口，Adobe Illustrator主要的工具面板都可以在这里找到并勾选打开，点击图层，可以看到Adobe Illustrator文件中的图层情况（图4-2）。与Adobe Photoshop软件类似，关闭眼睛隐藏该图层的内容，锁住该图层，则该图层无法进行任何的编辑。每个图层可见的时候，可以同时编辑（图4-3）。

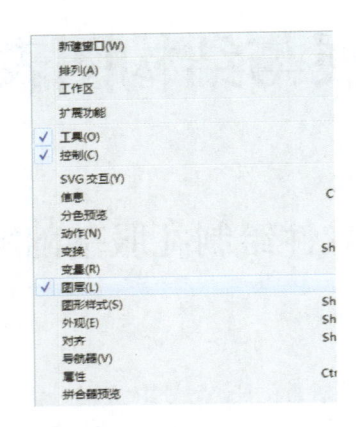

图4-2 打开图层

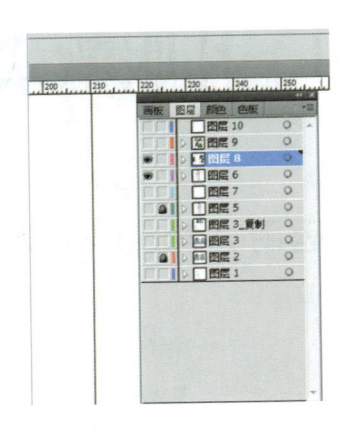

图4-3 设置图层

3. 设置边框线

工具栏中的钢笔类似于Adobe Photoshop软件中的钢笔工具或者CorelDRAW里的贝塞尔工具，主要用于绘制线条，也可以绘制填色的色块，不需要另外描边。在属性栏中点选右边的色框，绘制边线，左边的为填色模式，选择边框色绘制线条（图4-4）。

4. 绘制矩形框

工具栏中选择矩形工具（图4-5），左键点住不放，即可显示下拉工具菜单，拖动鼠标选择需要的工具。点击右侧的小三角，打开矩形工具栏里的所有工具，选择常用的工具使其显示在界面中方便使用（图4-6）。

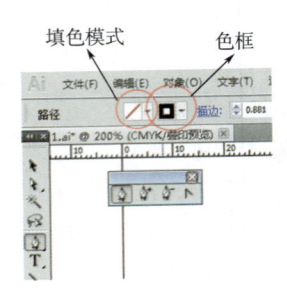

图4-4 设置边框线

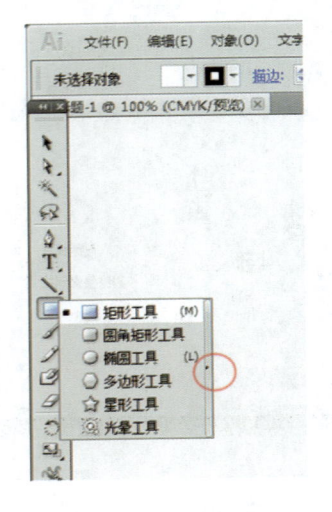

图4-5 绘制矩形框

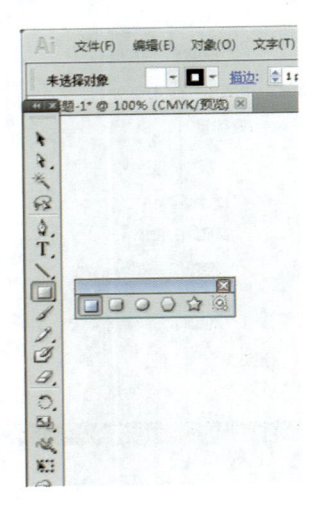

图4-6 打开矩形工具栏

5. 复制与缩放

在空白处点击左键按住Shift键向右下方拖动鼠标，绘制正方形。点击选择工具（快捷键为V），选择正方形进行复制（按Alt键拖动可快速复制）。选择比例缩放工具（图4-7），双击工具图标打开比例缩放对话框，选择【等比】，比例缩放值为150%，点击【确定】（图4-8）。

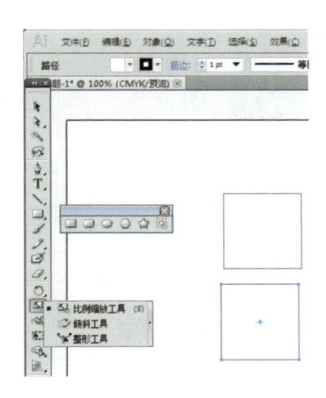

图4-7　比例缩放工具

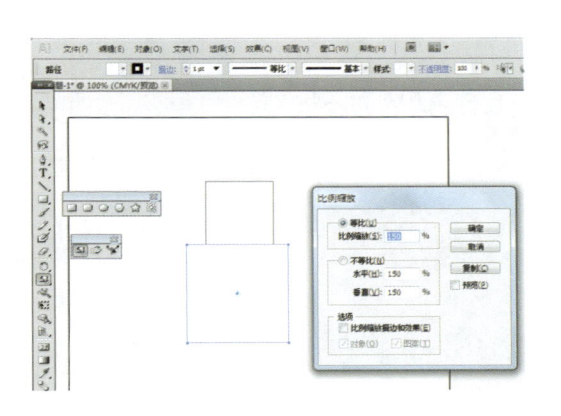

图4-8　比例缩放值为150%

6. 排列与组合

复制若干个正方形，用比例缩放的方法快速搭建女性人体框架模板。绘制原始参照正方形为臀部，将原始基础正方形等比缩放150%为上半身躯干，等比例缩放25%为1/2脖子（肩斜起点），将原始基础正方形不等比缩放水平50%、垂直25%为脖子的宽与高，不等比缩放水平150%、垂直350%为下肢，从肩宽的1/4处至裆底拉矩形手臂，旋转30°，选择下节点（直接选择节点，快捷键为A）收进。在臀部的1/4位置，标注胯骨线，略微上提标注腰围线。用圆顺的线条绘制出女人体脖子、肩线与侧边线（图4-9）。

二、礼服基础廓型绘制表达——Adobe Illustrator软件

1. 绘制礼服外框线

在女性人体模板的基础上绘制平面款式图。新建一个图层，用钢笔工具绘制小礼服的外廓型线条，注意领窝位置大小和袖型，钢笔工具使用方法类似Adobe Photoshop软件中的钢笔，拖动鼠标使线条变为曲线，按Alt键同时点击节点切换角度工具，成为转角，按"+""-"号在线条中增加节点或者减少节点（图4-10）。

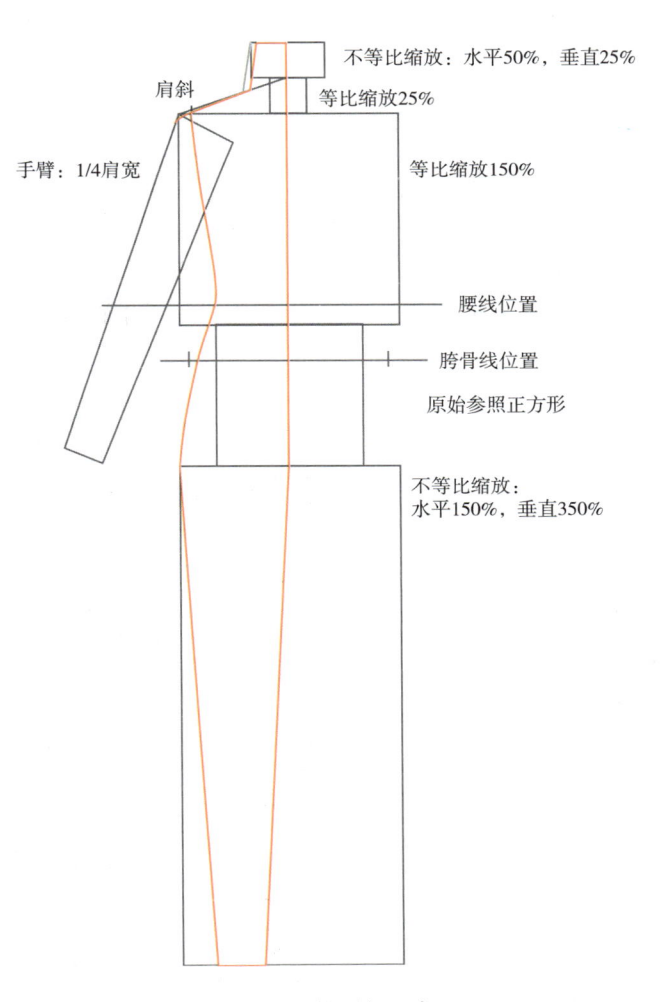

图4-9　排列与组合

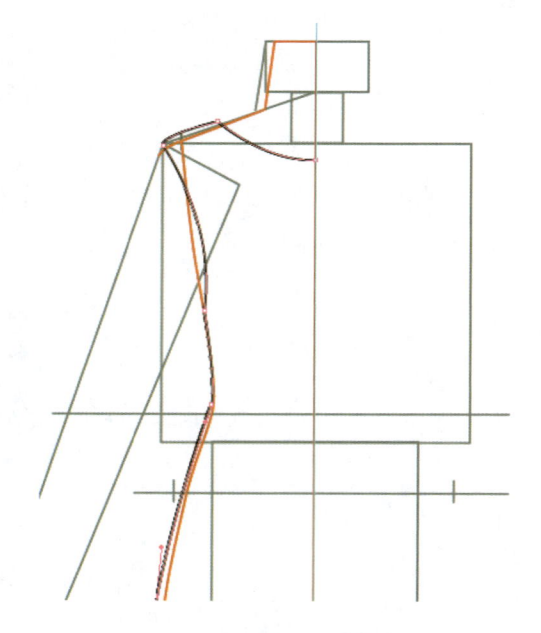

图4-10　绘制礼服外框线

2. 复制翻转

将人体模板图层关闭，选取绘制的半边礼服（图4-11），点击工具栏中的旋转工具框，选择镜像工具，将中心点移动至对称轴上，双击镜像工具（图4-12），在对话框中勾选【垂直】，按住Alt键拖动鼠标至右侧，完成中轴线为准的对称复制（图4-13、图4-14）。

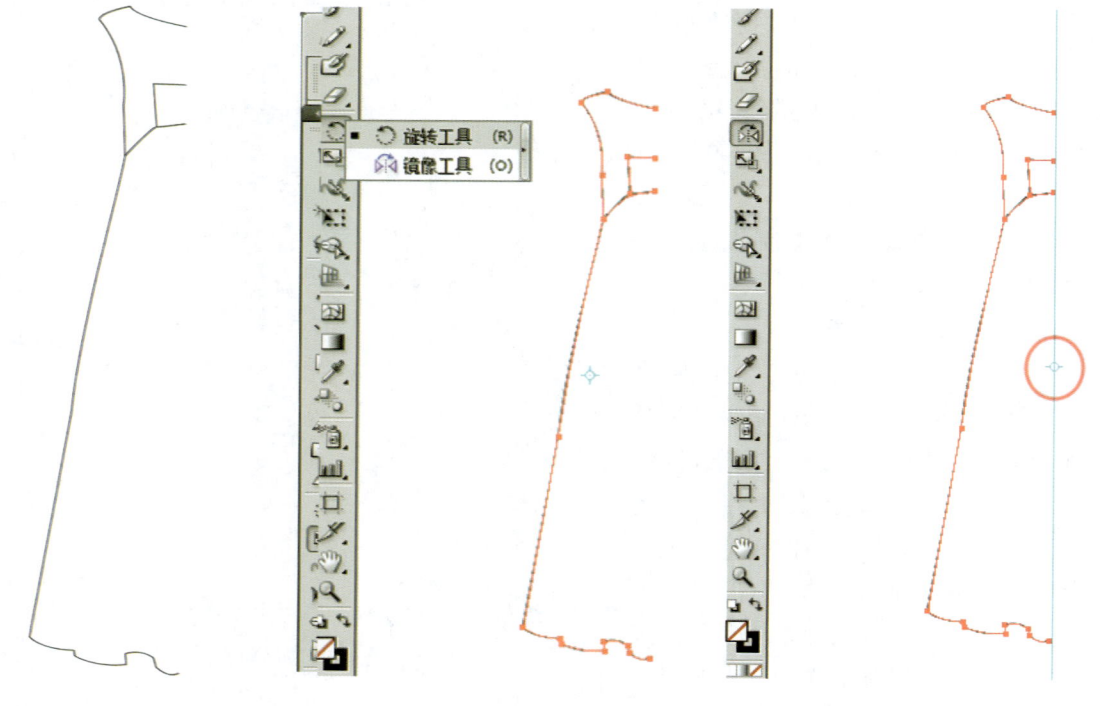

图4-11　绘制半边礼服　　　　图4-12　镜像工具　　　　图4-13　对称复制

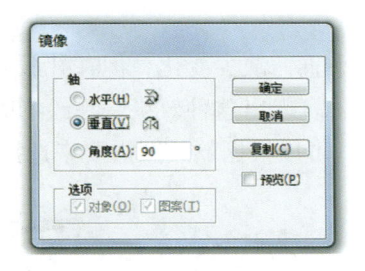

图4-14 垂直对称复制

3. 衣片连接

与CorelDRAW中只有封闭图形才可以填色不同，在Adobe Illustrator软件中不封闭的图形也可以填色（图4-15）。选择窗口菜单下的【路径查找器】（图4-16），选择左右两个衣片，点击形状模式中的【焊接】，将衣片连接成一片（图4-17）。点击一个节点，按住Shift键点击另外一个节点，点击右键，选择【连接】，便可以自动连接两个节点（图4-18）。

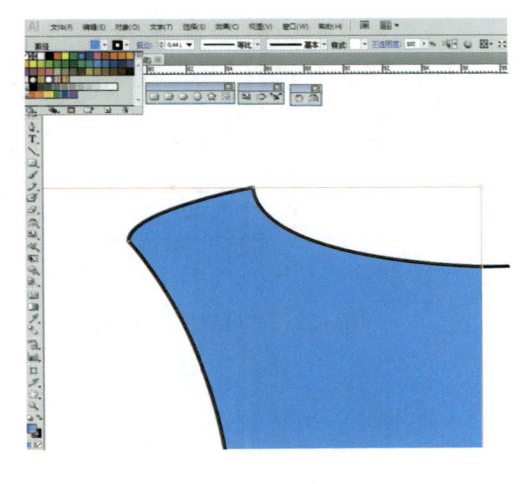

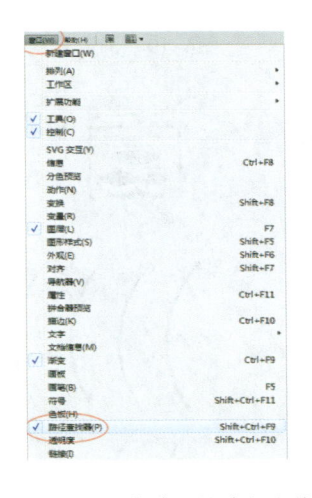

图4-15 填色　　　　　　　　　　　图4-16 窗口菜单下的路径查找器

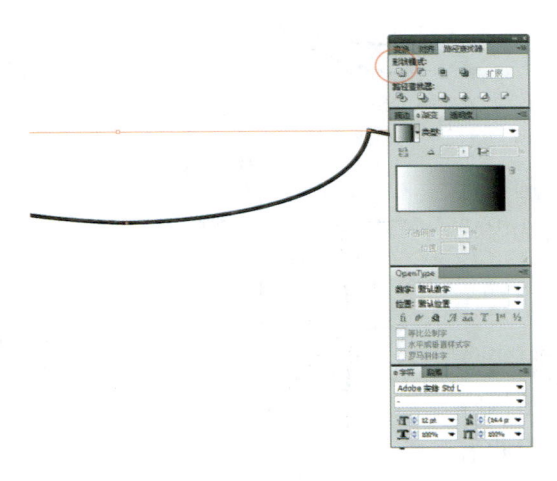

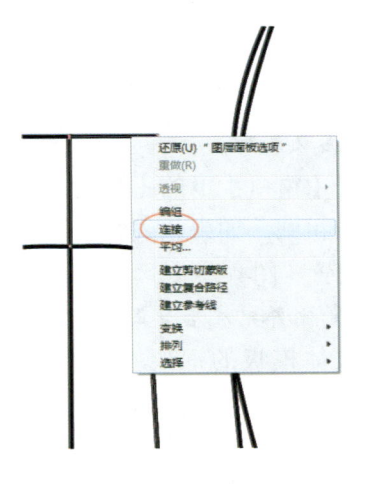

图4-17 焊接　　　　　　　　　　　图4-18 连接两个节点

4. 线条粗度的调整

用钢笔绘制的线条一般比较平直，缺少变化，但在礼服款式绘制中有很多长线条的褶浪和纹路，需要有笔锋的变化。为了表现出这种效果，在绘制时可以在钢笔工具属性栏中点击【等比】，选择不同的画笔效果，可以根据款式图需要来选择（图4-19~图4-22）。

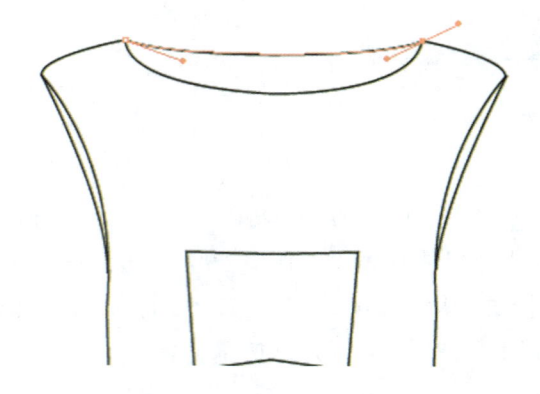

图4-19　钢笔绘制后领窝

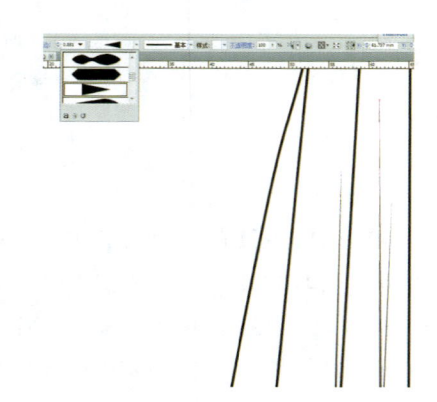

图4-20　绘制裙褶浪

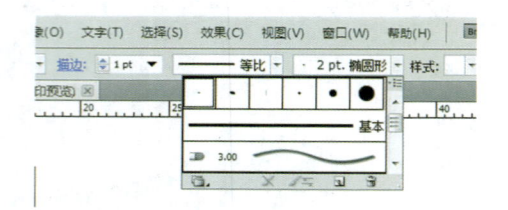

图4-22　钢笔属性栏—等比

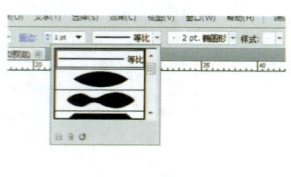

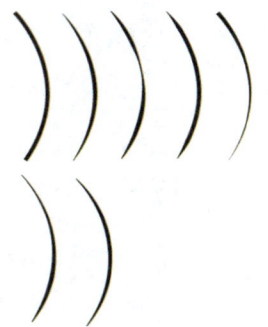

图4-21　选择画笔效果

5. 描边界面

打开【窗口】下的【描边】对话框，选择合适的线条粗细，如果款式有压线，可以勾选虚线并进行设置（图4-23）。

6. 复制并完成后背图线稿

在人体模板的框架下，完成前片礼服线稿（图4-24）。后背图的结构线要与前身片结构特点相吻合。后中有拼缝且配有隐形拉链，因此后中领口位应绘制椭圆隐形拉链头（图4-25）。

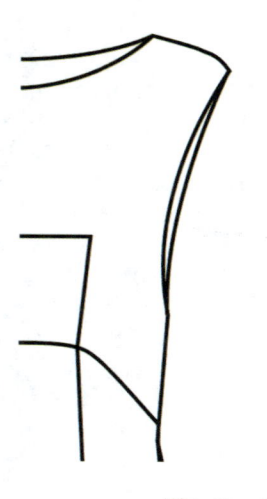

图4-23　描边界面

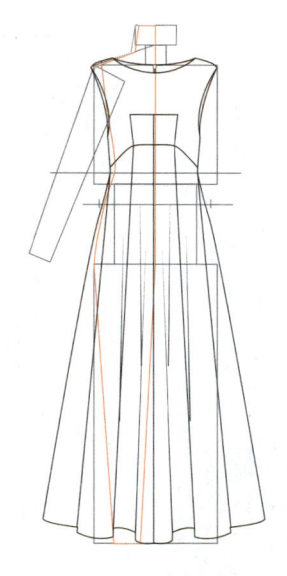

图4-24　前片礼服线稿　　　　　　图4-25　前片、后背图结构图

7. 填充渐变色

选择款式线外框，点击右键排序，将款式线放置在最底层，全选款式线条（Adobe Illustrator软件中选择工具只要触碰到线条就可以选到），点击右键编组。打开窗口菜单下的渐变对话框，选择线性渐变（图4-26），角度为90°，点击色彩框左下的漏斗，打开色彩面板，选择彩色（图4-27），也可增加渐变色，点击下框线即可，需要的颜色也可以在色彩框中直接吸取（图4-28）。打开透明度面板，可以调整图层的模式和图层透明度（图4-29）。导出文件，存储JPG格式。

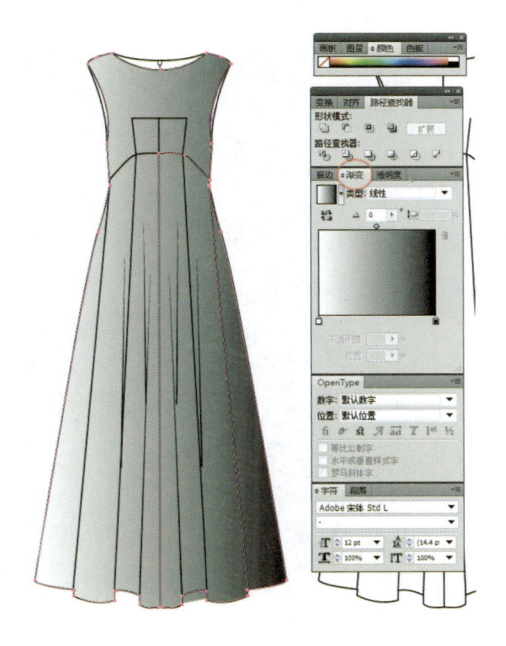

图4-26　渐变界面　　　　　　图4-27　选择彩色

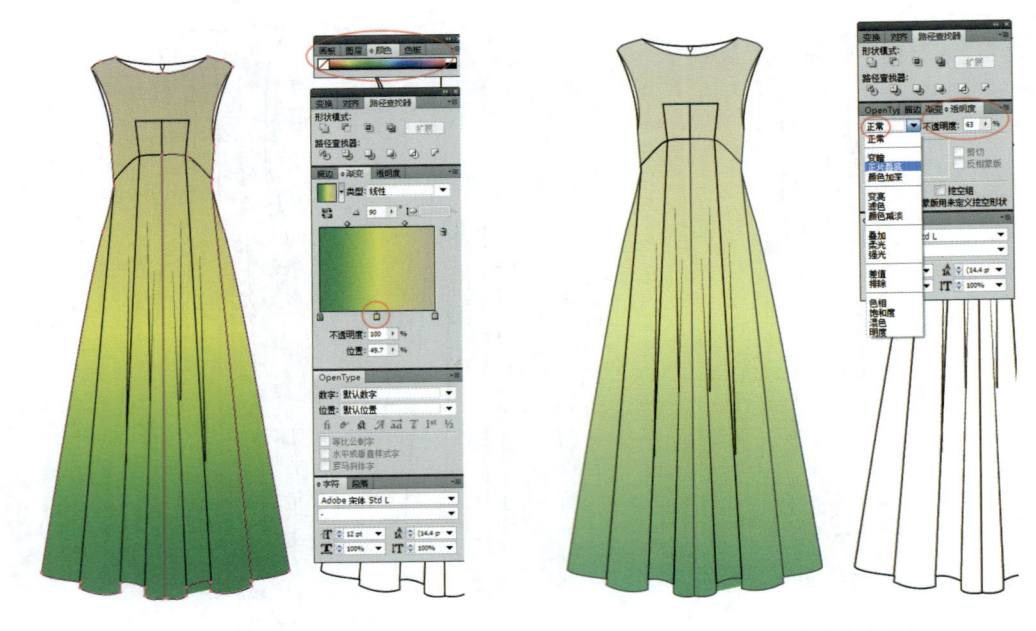

图4-28 增加渐变色　　　　　图4-29 调整图层透明度

作业练习：使用Adobe Illustrator软件绘制一个女性人体模板，并设计绘制一款礼服裙，线条流畅、比例准确，有一定的设计创新意识，将其存储为JPG格式。

项目二　礼服款式设计要点与系列拓展

上课时数：4课时
能力目标：通过教学，使学生掌握礼服结构设计特点与系列拓展方法，有一定的创新意识
知识目标：礼服的结构理解与表达
重　　点：礼服的系列款式设计
难　　点：礼服的廓型结构设计与表现
课前准备：查阅下载有关礼服的款式图片，分析礼服的结构特点

一、礼服款式设计要点

1. 廓型比例设计

礼服一般有X型、A型、Y型、H型、T型，其中以X型与A型较为流行，礼服从风格上可以划分为中式礼服、西式礼服两大类，轮廓造型设计特点上还可以分为古典式、直筒式、披挂式、层叠式。比例的手法是将服装的上半身与下半身的比例按照黄金分割比（1∶1.618）或者复古的帝政时代的比例分割，主要目标是展现女性修长优美的体态。

2. 款式结构

款式的结构设计主要分为功能性结构与装饰性结构，功能性结构主要解决礼服的合体性，以及整体外廓型的表现，装饰性结构主要解决服装的个性风格特点，营造视觉装饰中心，使服装整体赏心悦目、充满创意。功能性结构与装饰性结构在设计过程中往往是相辅相成、密不可分、一气呵成的。

3. 褶浪设计

礼服的波浪造型设计可以产生丰富多变的设计效果。礼服的褶浪可分为对称与不对称两种，根据礼服的设计风格可将褶浪放在肩部、腰部、下摆等部位，褶浪有长短、大小、方向、多少、层叠等的变化，能充分体现礼服的空间造型感。轻薄面料的褶浪可以产生飘逸柔美的效果，硬挺面料的褶浪可以产生隆重、大气、华丽的效果，具有雕塑线条的立体美感。

4. 面料肌理与面料色彩

礼服的面料一般比较华丽隆重，设计时应视风格特点选择面料。造型比较夸张具有雕塑感褶浪设计的礼服，一般会使用比较挺括的面料；褶浪比较多且体现飘逸感浪漫风情的礼服，一般使用比较轻薄、有透明感、垂坠性好的面料；体现欧洲宫廷复古风格的礼服，一般选用有光泽感、丝绸感的有一定厚度的华丽面料；中式风格的大礼服，一般选用有中式图案的织锦缎面料或者丝绸面料。礼服的面料肌理一般比较平滑、有光泽感，主要体现面料本身的肌理效果，例如有半透明花纹肌理、丝绒肌理、流苏效果、蕾丝等的面料。

面料色彩视服装风格而定，一般在较为隆重的场合使用的礼服以黑色为主，少女浪漫风格的礼服色彩多偏向淡粉色系列，雍容华贵的礼服色彩一般为浓度较深的颜色，例如深紫兰、玫瑰红、墨绿等。

5. 图案设计

礼服的图案设计要与服装整体风格相吻合，例如中式风格的礼服，可以搭配水墨画效果图的图案、龙凤式样的图案或者传统梅兰竹菊题材的图案等。图案的面积大小与排列也要与服装的整体风格协调，一般要避免单调简单的重复，使用赋有节奏感的大小渐变图案效果。图案放置的位置要与服装整体达到平衡，过于大的图案会偏重，过于对称的图案会使服装显得呆板。

6. 细节设计

一般礼服的设计细节主要在领、胸、肩、袖、腰部、后背部位，其次是裙摆、门襟、袖口等部位。在保持整体风格和效果前提下，礼服的细节造型和装饰可以突出重点，增添服装造型结构的创意，增添面料的生动感与华丽感，更好的体现礼服的款式风格。

7. 手工装饰

礼服装饰手法丰富多变、精致华丽，无论是在整体还是局部上，精心而别致的装饰点缀是至关重要的，适度的装饰不仅能使礼服显得雅致秀美，而且能提升穿着者的气质和高贵感。礼服常用的装饰手法有：刺绣（丝线绣、盘金绣、贴布绣、雕空绣、法式立体绣等）、褶皱（褶裥、皱褶、司马克褶等），钉珠钉片（钉或烫人造钻石、人造珠片、亮片等），珍珠镶边、人造绢花、其他特殊材料装饰（羽毛、金属片、铆钉等）。

二、礼服系列拓展

1. 西式晚礼服系列拓展

晚礼服产生于西方社交活动中，是在晚间正式聚会、仪式、典礼上穿着的礼仪用服装。如图4-30所示，本系列主题为繁星，灵感来源夜空的繁星点点。礼服属于西式晚礼服，袒胸露背，呈现女性风韵，礼服的装饰部位主要在胸部的褶裥设计。A型轮廓造型按人体自然形态设计，为修长适体的小喇叭形轮廓，端庄文雅，最能体现女性的自然曲线体态。裙摆的褶浪向四周发射，对称与不对称设计结合，线条都具有希腊式简朴、自然和随意的风格。面料

图4-30　西式晚礼服系列拓展图

采用深紫蓝夜空色的丝绸质感的面料，下摆处有星空花纹图案设计。

系列拓展中，提取主要设计基因和设计方法，以本系列为例，主要的设计基因是胸部的褶裥设计以及裙摆的褶浪层次感的设计，适当调整线条的比例变化，并在此结构设计点的基础上进行款式拓展，主要是服装结构线的位置、方向、数量、长短上的变化。同时，根据前身设计的特点，绘制款式后背结构图。

2. 中式晚礼服系列拓展

中式晚礼服高贵典雅，塑造特有的东方风韵。如图4-31所示，本系列属于中西合璧的时尚新款，古典式的X型轮廓造型带有一定夸张的意味，中式立领为设计灵感元素，结合现代审美特点，造型体现结构的曲面变化，领子至下摆是一个整体的褶浪设计，设计手法新颖，下摆褶浪采用不对称设计，图案设计则取自中国画写意牡丹的题材。

礼服的装饰和造型部位十分讲究，所用的装饰和造型图案的形状、大小、色彩、材料等都与对应的部位有关。本系列的款式拓展要点在领型与下摆褶浪的变化设计中。绘制后背款式结构图时，应注意结构线的细微变化。

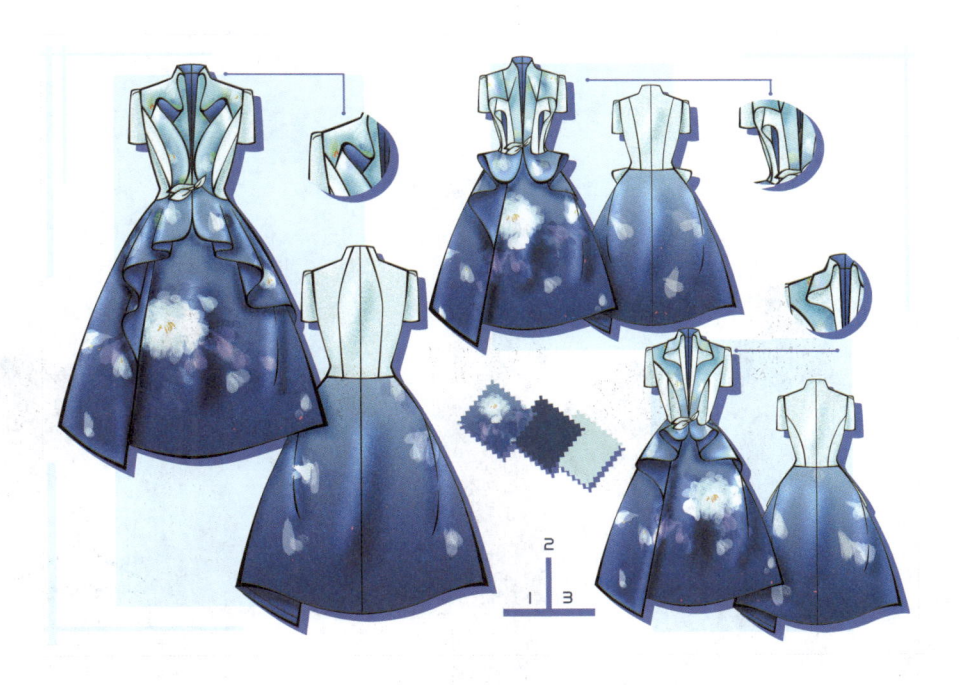

图4-31 中式晚礼服系列拓展图

3. 西式小礼服系列拓展

小礼服是在晚间或日间的鸡尾酒会、正式聚会、仪式、典礼上穿着的礼仪用服装。裙长在膝盖上下5cm，适宜年轻女性穿着。小礼服款式设计简洁利落、线条流畅明快。

如图4-32、图4-33所示，本系列设计偏向现代结构主义的风格，胸部的结构造型是主要的设计点和亮点。在拓展变化中，肩带设计分别采用了双肩带、交叉肩带、绕颈肩带三种；三款都采用了连腰设计，H廓型的直筒裙下摆运用了开叉与工字褶设计；腰臀分割线变化丰富，与上身的结构线条浑然一体，自然流畅。

图4-32 西式小礼服系列拓展线稿

图4-33 西式小礼服系列拓展图

4. 中式小礼服系列拓展

中式礼服创意结构设计，传承了中式立领结构。如图4-34所示，本系列设计采用H型廓型合体造型，主要表达简约现代的礼服设计特点和极简装饰元素；胸腰结构线在拓展中不断变化，与门襟礼服结构的细节创新、变化相结合，利用面料的曲面变化形成自然折叠或者褶浪效果，衣身上功能性结构与立体造型装饰相结合，功能性与装饰性结合，线条流畅简约，加之抽象图案的面料效果，具有现代审美特点。

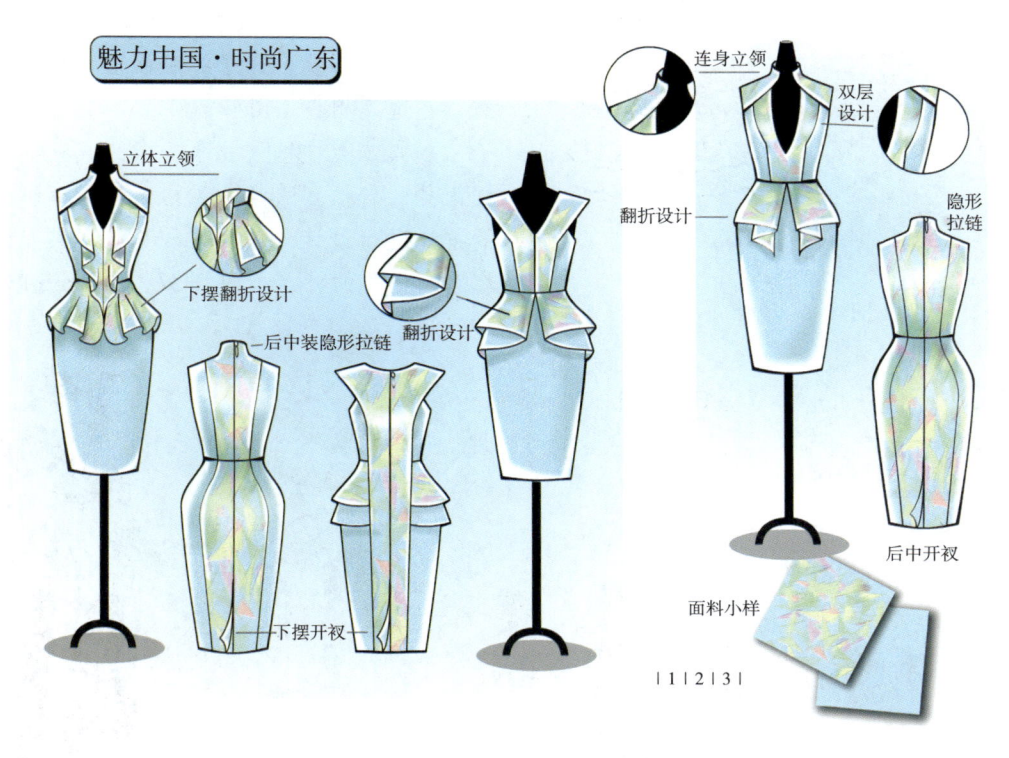

图4-34　中式小礼服系列拓展图

5. 裙套装礼服系列拓展

裙套装礼服是职业女性在职业场合出席庆典、仪式时穿着的礼仪用服装。裙套装礼服展现的是优雅、端庄、干练的职业女性风采。与短裙套装礼服搭配的服饰体现的是含蓄庄重。如图4-35所示，本系列的设计特点是结合套装的设计特点，有内外搭配的层次感，采用中式立领、西装袖型，衣身为断腰结构，上半身较为合体，腰部褶浪设计进行系列拓展变化，裙摆使用印花面料，后背为连身裙设计。

图4-35　裙套装礼服系列拓展图

作业练习：参考以下款式图片，拓展一个系列的款式，并绘制平面结构款式图（使用CorelDRAW软件或者Adobe Illustrator软件），大小为A3，分辨率为300dpi，横向构图，要求有系列感，在此基础上可以进行款式变化和创新。

款式一：层叠式裙层层叠叠，裙子的外廓型如宝塔形状，裙子的表面由一层层的荷叶边、花边等相叠（图4-36）。

款式二：披挂式礼服轮廓，线条具有希腊式简朴、自然和随意的风格，使用捆绑、打皱的方法进行设计，轮廓柔和宽松，具有活泼、窈窕、华美的特点（图4-37、图4-38）。

图4-36 女裙

图4-37 女裙

图4-38 女裙

项目三 运用 CorelDRAW、Adobe Photoshop 软件表达礼服系列款式拓展设计及平面款式图

上课时数：4课时

能力目标：通过教学，使学生掌握CorelDRAW软件和Adobe Photoshop软件绘制服平面款式图的方法，能够完整表达款式图，有一定的创新意识，构图设计完整美观

知识目标：灵活配合使用CorelDRAW与Adobe Photoshop软件中的工具的，准确表达出设计意图

重　　点：礼服款式与面料设计

难　　点：服装款式表现与面料效果的表达

课前准备：收集礼服素材，研究礼服配色方法、面料特点与时尚性设计

一、礼服款式结构设计及表达——CorelDRAW软件

1. 绘制基础衣身比例

选择矩形工具，绘制一个正方形，将其向下复制翻转两次，全选后点击【焊接】，整个图形宽度与长度比例为1∶3（图4-39）。点击右键选择转为曲线，增加节点，调整出领窝、肩线和腰节（图4-40）。

图4-39　绘制基础衣身比例　　　　图4-40　增加节点

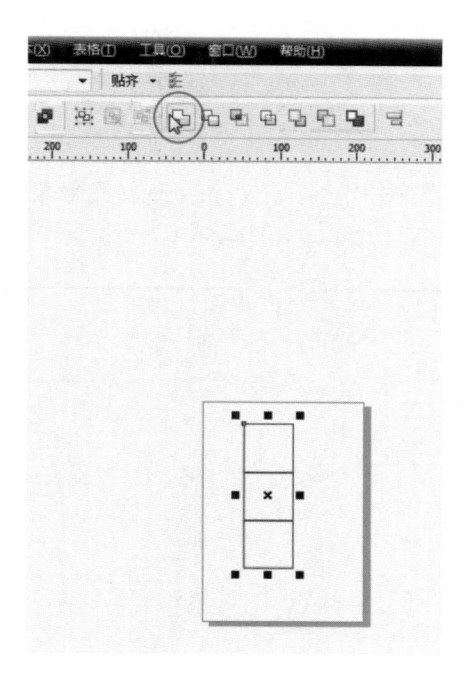

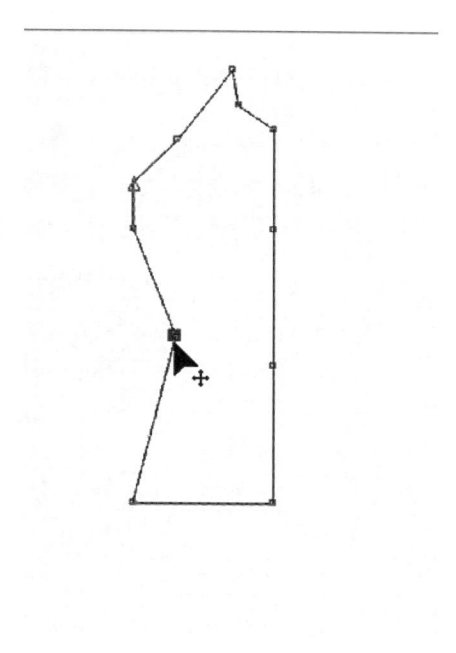

2. 形状工具调整弧度

使用形状工具调整领窝、腰线等线条的弧度，绘制衣身内部的结构线，点击领口的封闭节点，点击右键选择【打散】，移动节点的位置到相应的款式位置点（图4-41~图4-44）。

图4-41　形状工具调整弧度　　　　　　图4-42　调整领子弧度

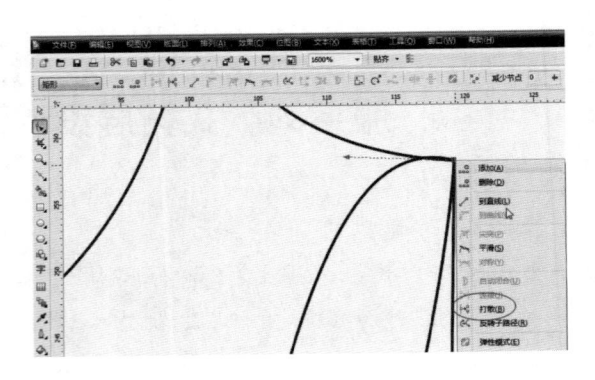

图4-43　调整节点位置　　　　　　　　图4-44　调整节点位置

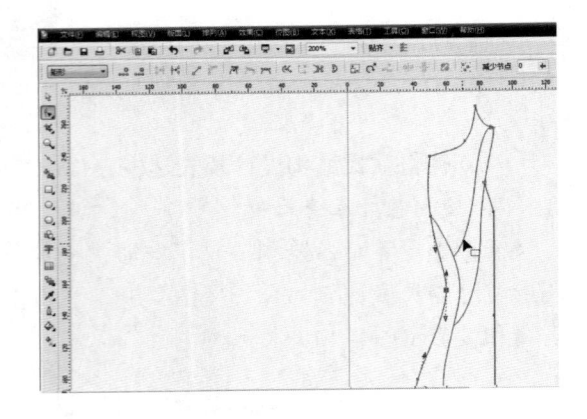

3. 绘制衣身结构线及袖子

绘制下摆的波浪线条。绘制袖子，在袖口末端双击节点，使线条呈现转角效果。绘制袖子内侧线，调整袖型弧度，注意袖头的褶裥造型处理（图4-45~图4-50）。

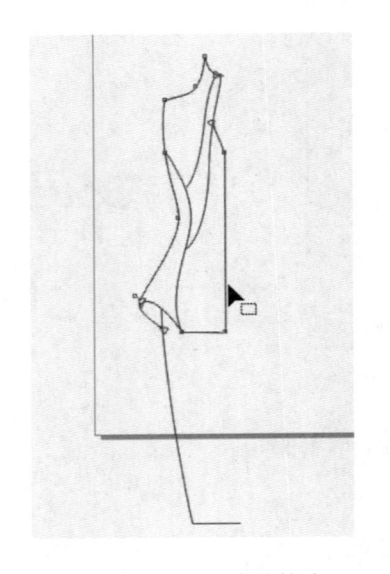

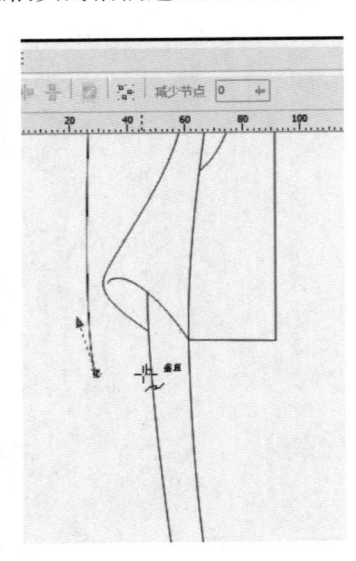

图4-45　绘制衣身结构线　　　　图4-46　绘制袖子　　　　图4-47　调整节点

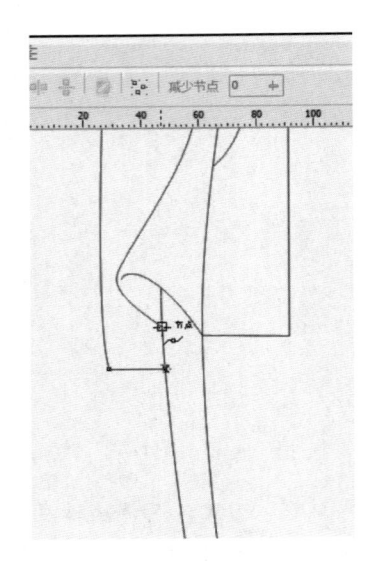

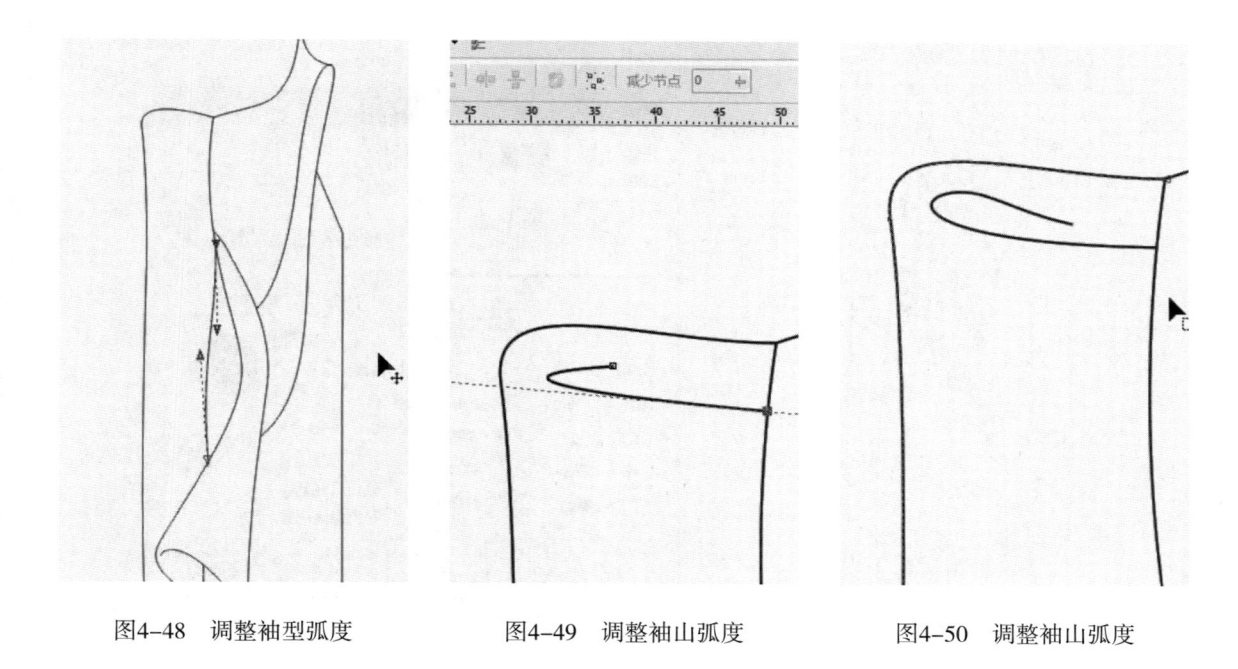

图4-48 调整袖型弧度　　　图4-49 调整袖山弧度　　　图4-50 调整袖山弧度

4. 复制翻转

选取绘制好的半边衣片，复制并将复制后得到的衣片水平翻转。全选衣片，调整轮廓笔的大小及线条角度（图4-51~图4-54）。

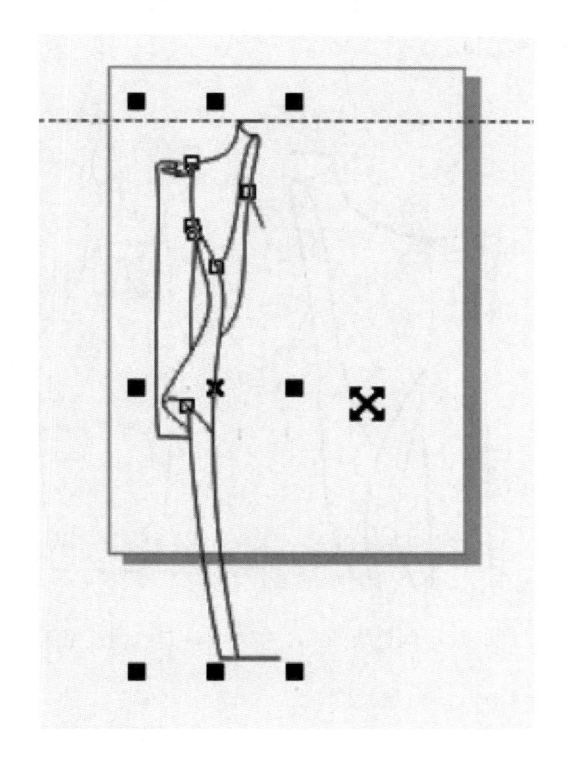

图4-51 绘制半边衣片　　　图4-52 复制水平翻转

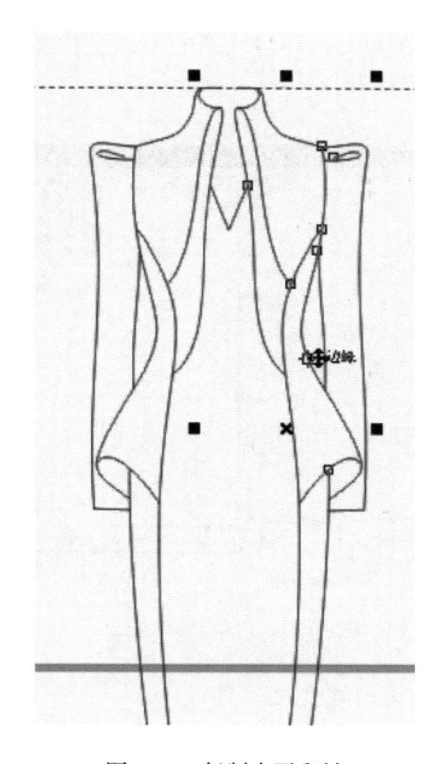

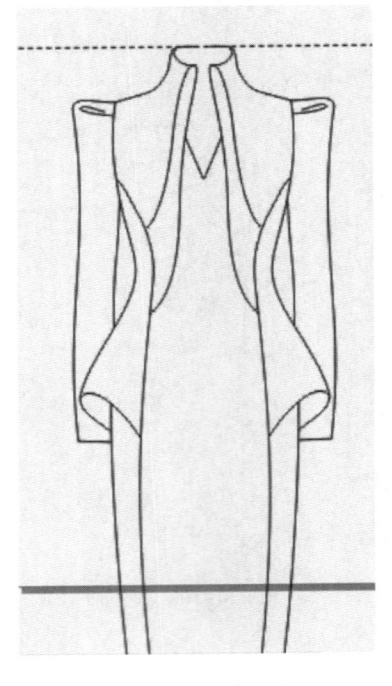

图4-53 全选衣片 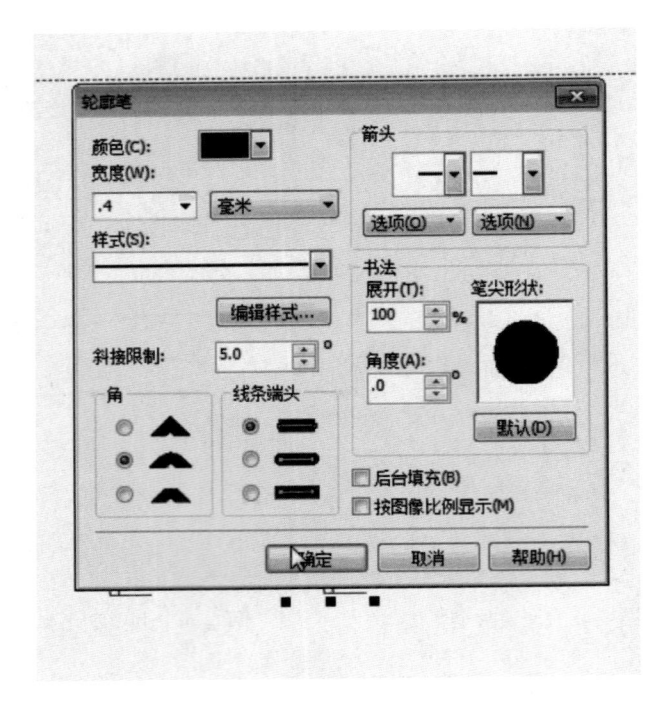　　　　　　　　　　　　图4-54 调整轮廓笔

5. 调整线条粗细

选择款式图的外轮廓线条及袖子的线条，选择【排列】【将轮廓转换为对象】（快捷键为Ctrl+Shift+Q），调整线条的粗细变化（图4-55~图4-57）。

图4-55 排列—将轮廓转换为对象 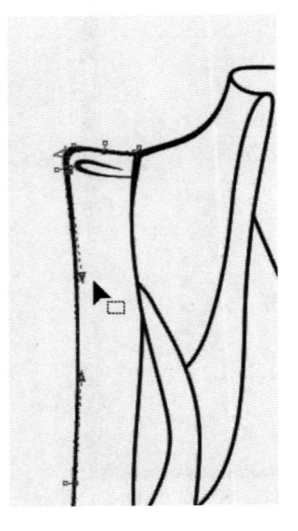　　　　图4-56 调整线条 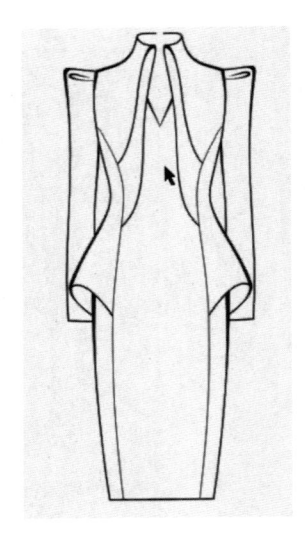　　　　图4-57 调整粗细变化

6. 款式拓展变化设计

复制款式一，在款式一的基础上进行调整，主要是修改领子的变化曲面与前身分割线的设计（图4-58、图4-59）。

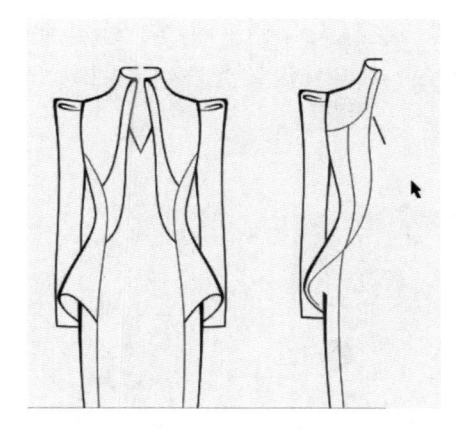

图4-58 复制款式一并调整

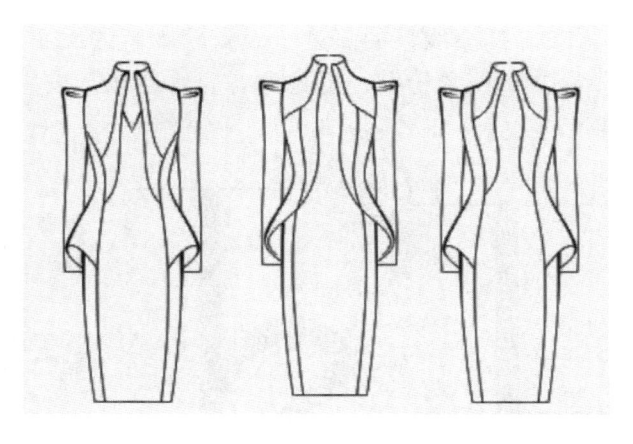

图4-59 前身分割线的设计

7. 绘制小人台

（1）选择矩形工具，填充一个颜色，点击右键，在右键菜单栏中选择【转换为曲线】，点击右键【顺序】【置于此对象后】。选择形状工具调整节点与服装领子的线条吻合；使用椭圆形工具绘制椭圆，旋转成侧斜面，放置在小人台顶端作为截面（图4-60~图4-63）。

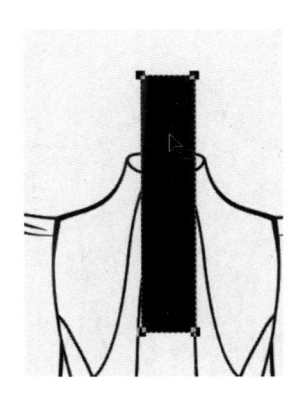

图4-60 矩形工具

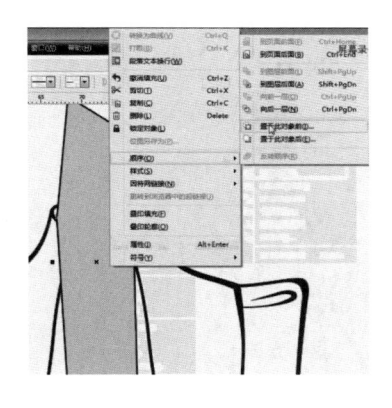

图4-61 右键—顺序

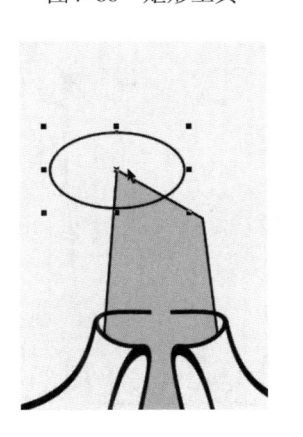

图4-62 调整节点

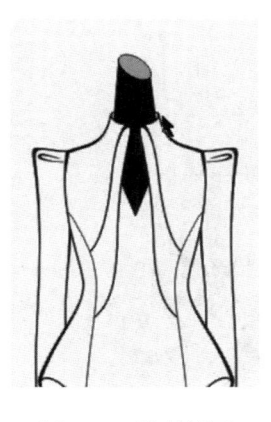

图4-63 绘制椭圆

（2）调整线条的弧度，设置轮廓笔的大小和角度，绘制人台底座曲线。绘制原点后，完成底座的绘制。框选所有底座曲线，按快捷键Ctrl+G将其设置为群组（图4-64~图4-67）。

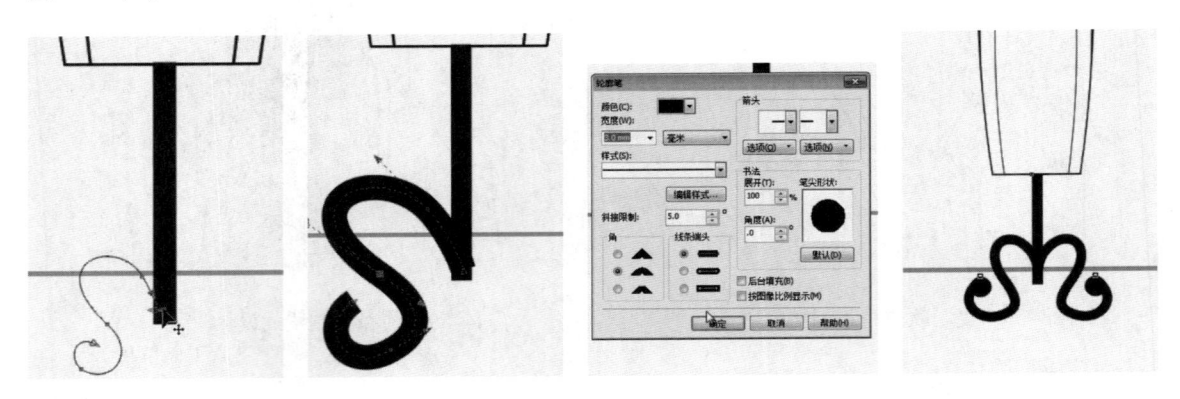

图4-64 绘制曲线　　图4-65 设置轮廓笔　　图4-66 调整大小和角度　　图4-67 绘制原点

8. 绘制后背款式图

复制正面款式图，将多余的线条删除，并绘制后中线和公主线完成后脊款式图。注意对应关系，侧边褶浪前后要一致（图4-68~图4-70）。

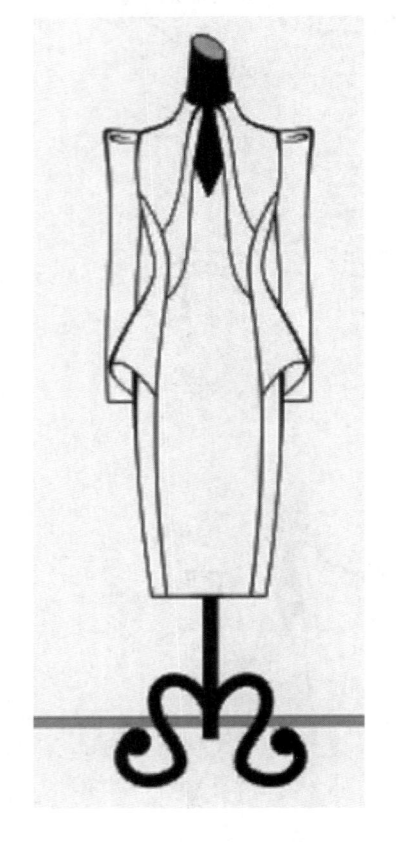

图4-68 正面款式图　　图4-69 后背款式图

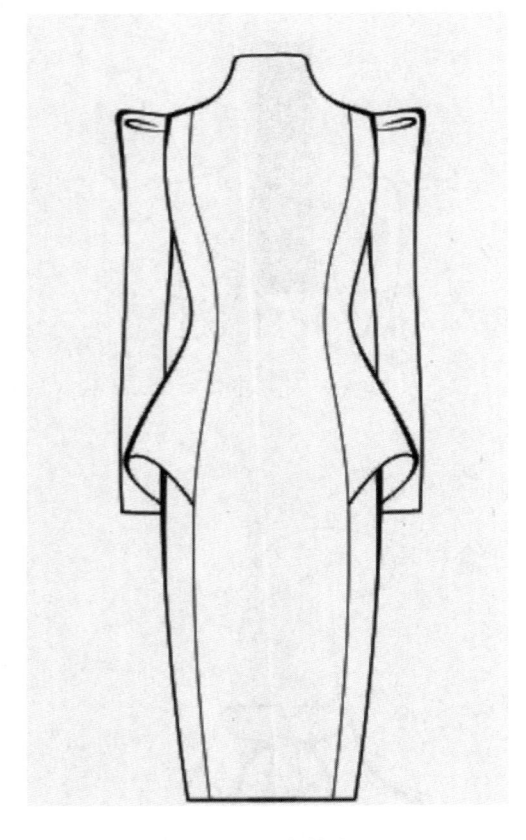

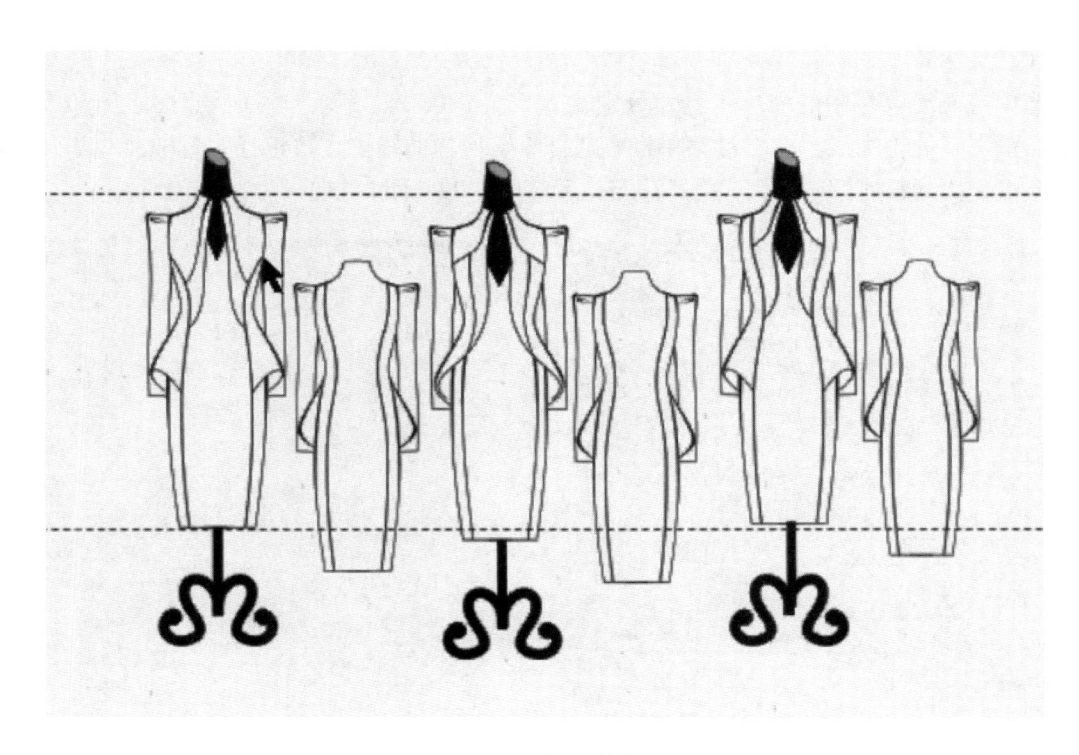

图4-70 拓展款式

9. 绘制面料小样

在CorelDRAW软件里绘制面料小样的边框。绘制正方形，在左侧菜单栏中选择交互式变形工具在上方属性栏选择【拉链】，设置步长数值为15、20，按回车键完成（图4-71）。

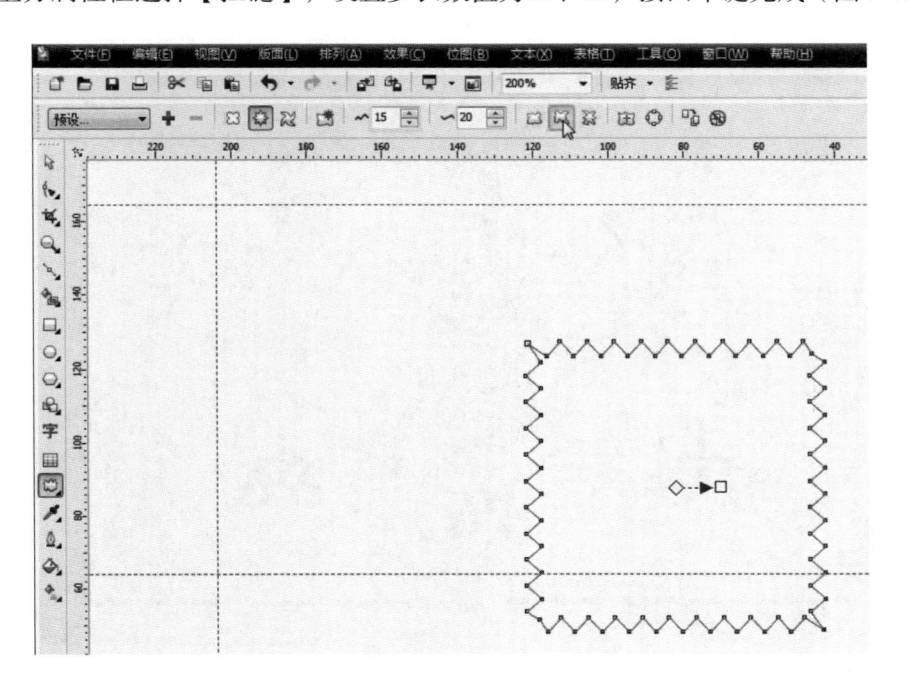

图4-71 交互式变形工具

10. 文字输入

选择左侧工具栏中的文本工具，分别输入文字"1、2、3"，选择适当的字体和大小，可以加粗文字的轮廓线。在右键菜单栏中选择【转换为曲线】，再选择【打散曲线】，拖动文字至相应款式图处标注出款式的排序与位置（图4-72、图4-73）。

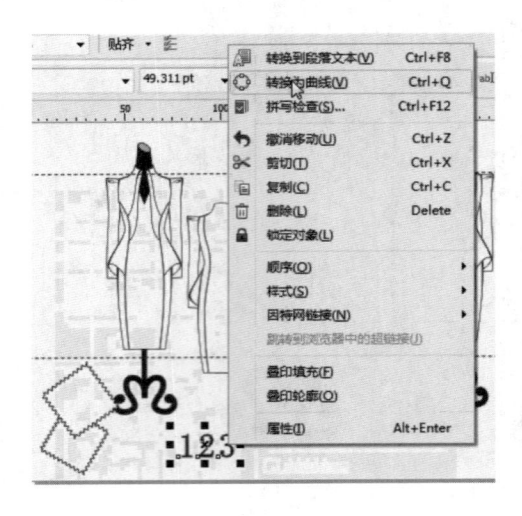

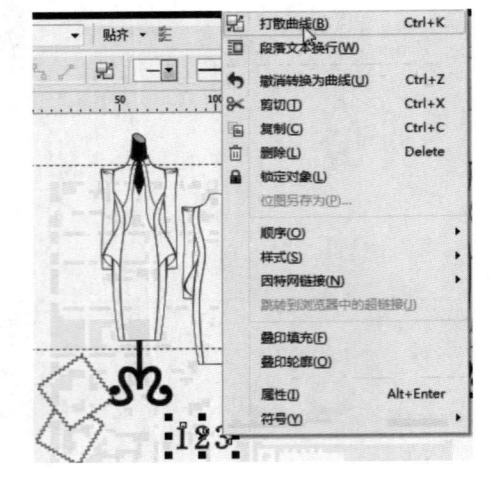

图4-72　输入文字转曲　　　　　　　　　图4-73　打散曲线

11. 整理位置并导出

将面料小样放置在下方，调整至大小适中，正背面款式图排列错落有致。用矩形工具沿显示框拉一个矩形，取消边线，完成整体的排版。点击【文件】【导出】，选择PSD格式（图4-74、图4-75）。

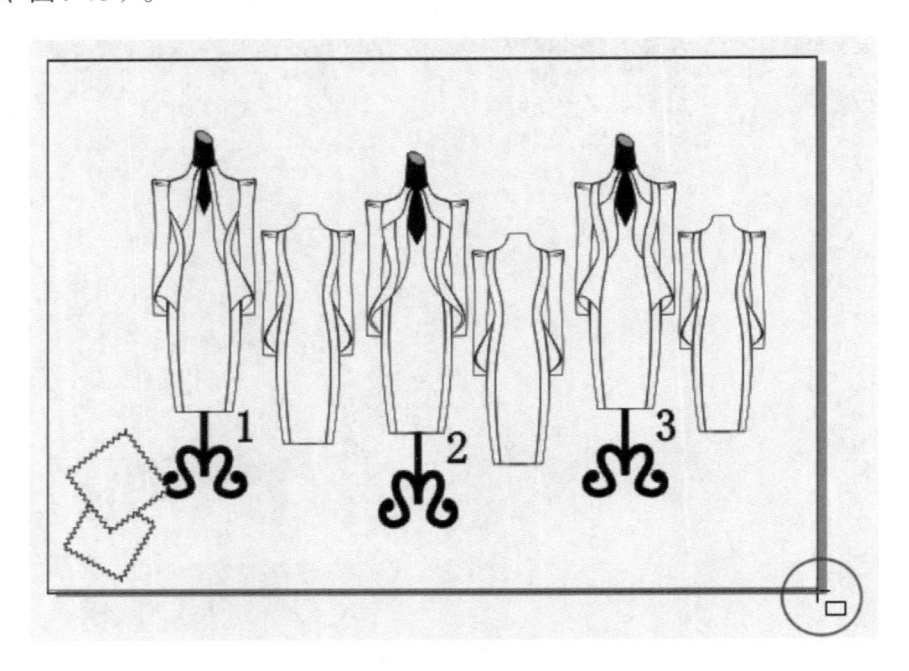

图4-74　整理位置

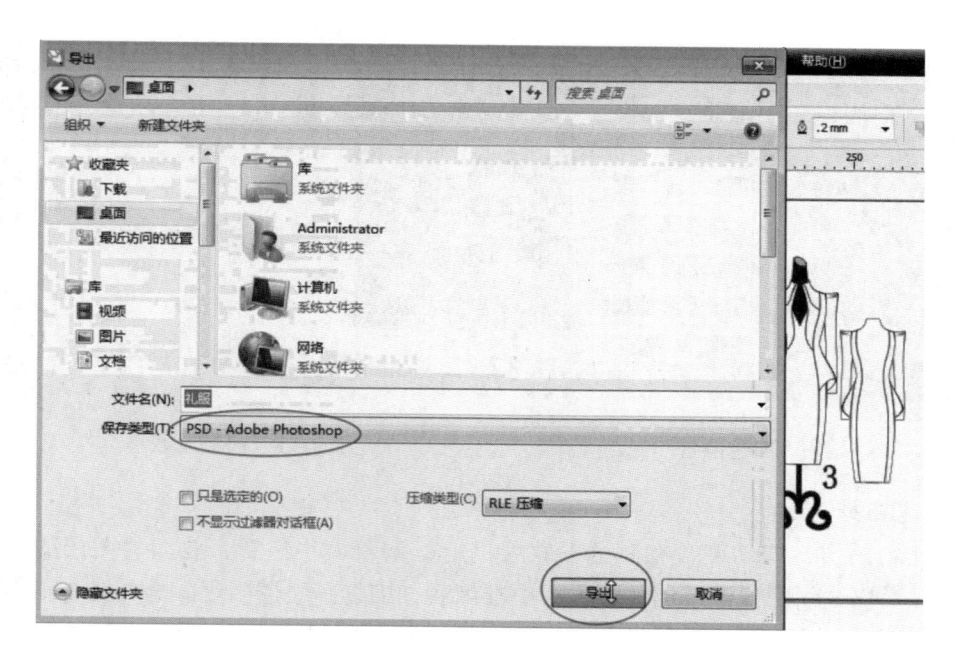

图4-75 导出

二、礼服面料设计填充与排版设计——Adobe Photoshop软件

1. 制作面料效果

在Adobe Photoshop软件里打开文件，自动生成线稿的透明图层。新建图层，填充白色，放置到线稿图层下面，作为背景图层。新建图层，运用矩形选框工具绘制一个矩形框，大小应可以覆盖款式一正面图，填充渐变色（按Shift键点击鼠标左键向下拖动垂直填充）（图4-76）。制作面料效果，点击滤镜里的【杂色】【添加杂色】，设置适合效果的数值，点击滤镜库的【彩色铅笔】，使其呈现出面料纹理效果（图4-77、图4-78）。

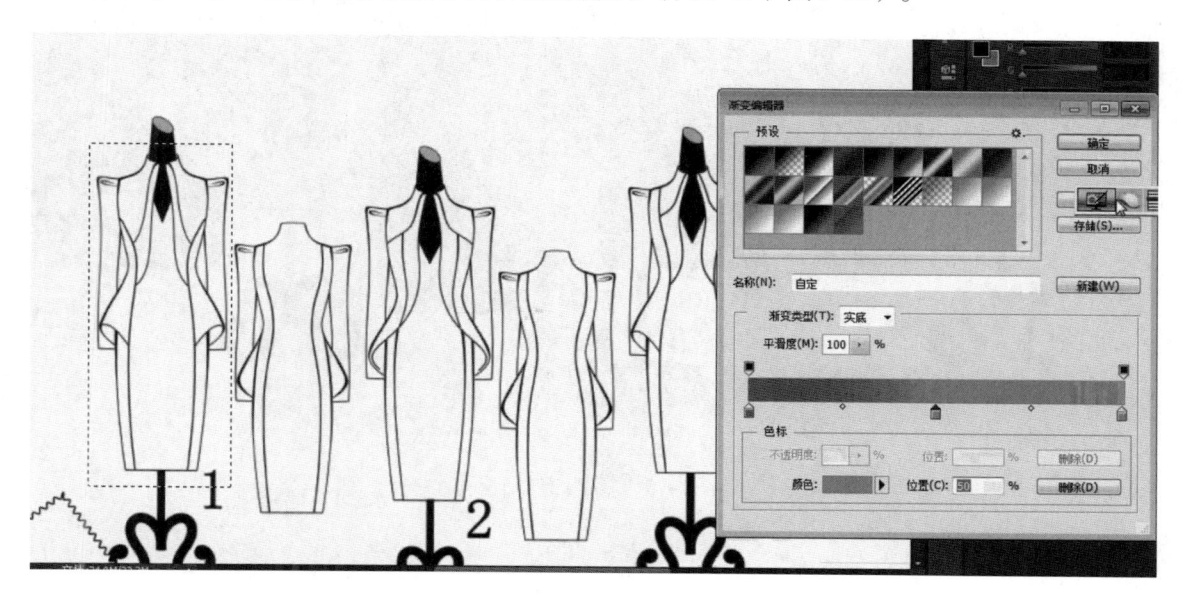

图4-76 填充渐变色

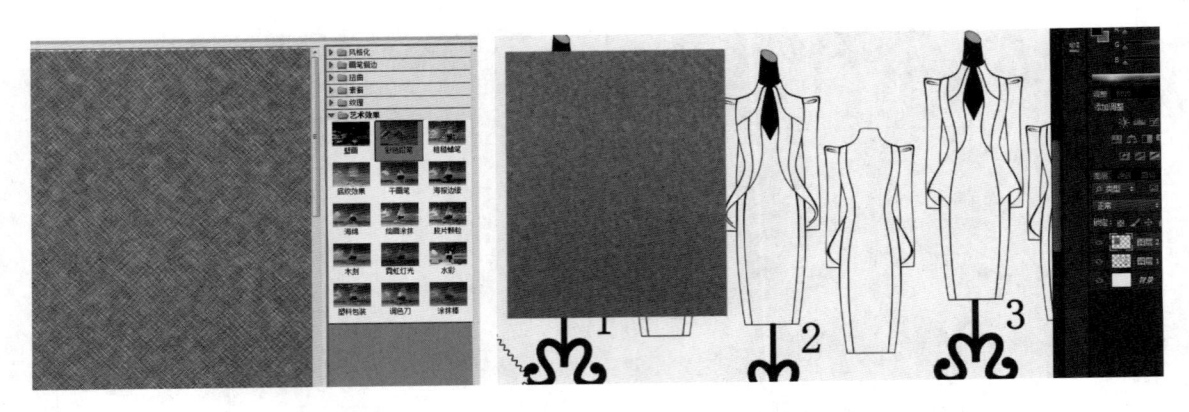

图4-77　滤镜库—彩色铅笔　　　　　　　　图4-78　面料效果

2. 填充面料

复制面料图层，移动覆盖在其他款式线稿上，调整大小位置，将面料图层的透明度调低，可以显示出线稿的位置，调整位置大小准确后，恢复图层透明度。合并各个面料图层，点击线稿图层的款式外廓型进行选区，反选，回到面料图层，点击Delete删除选区，保留服装廓型内的面料，将面料图层拖至线稿图层下面（图4-79、图4-80）。

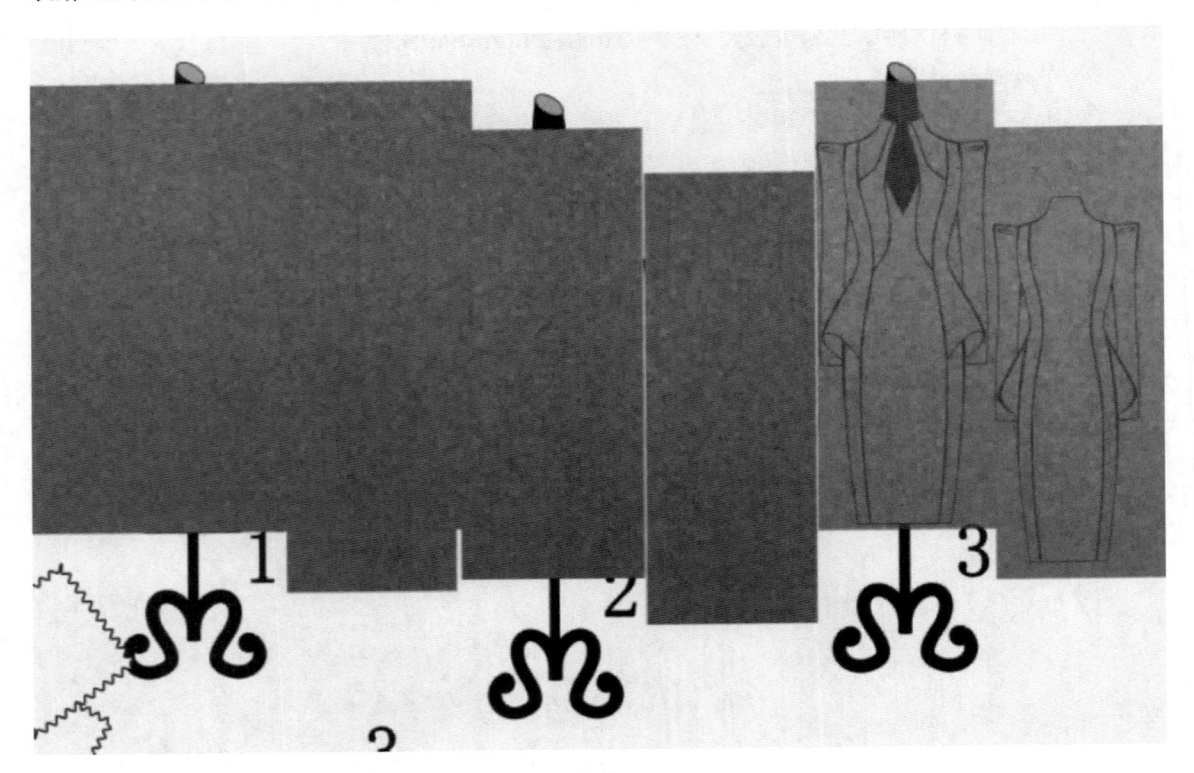

图4-79　复制面料图层

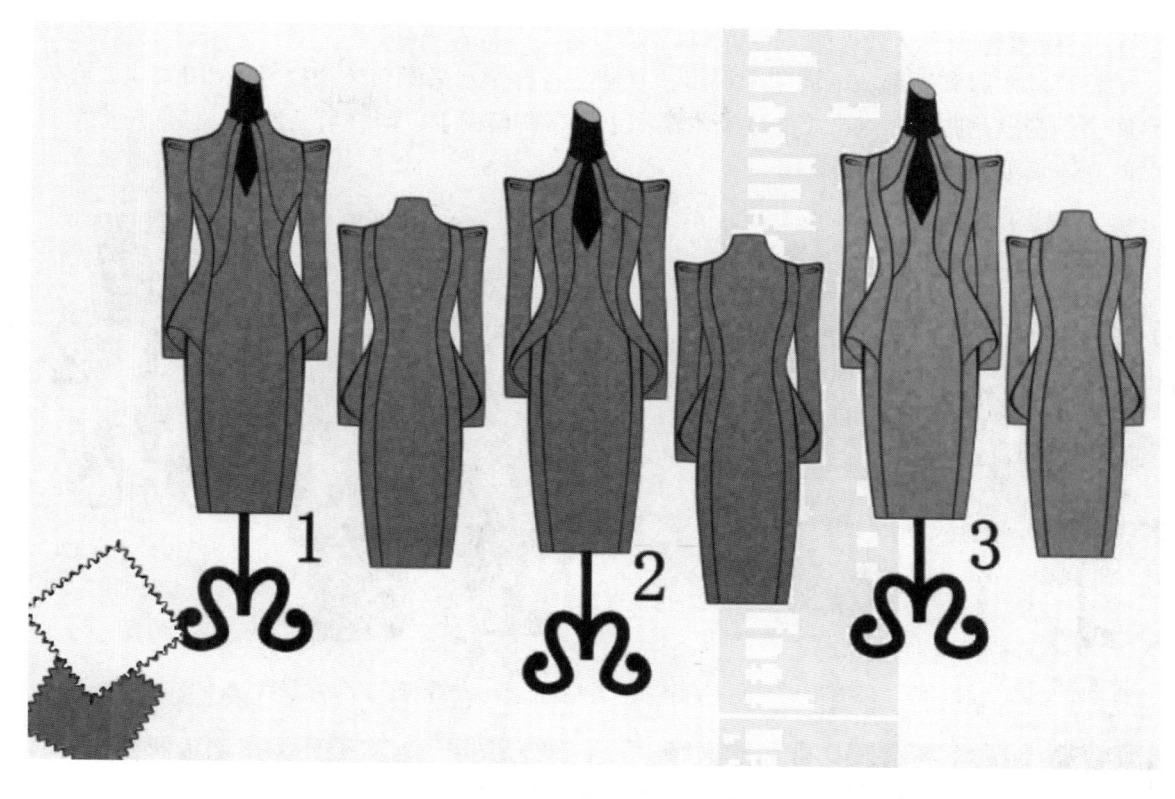

图4-80　保留服装廓型内的面料

3. 绘制明暗效果

按Ctrl键点击款式线稿图层，形成边缘蚂蚁线。用吸管工具吸取服装上对应位置的颜色，使用画笔工具里的柔边圆压力不透明笔刷，明确结构中需要加深的阴影部分。使用硬边圆压力不透明笔笔刷，调整画笔流量，新建图层，设置图层模式为【正片叠底】，根据服装结构和光源位置来源绘制阴影。新建图层，亮部的色彩使用白色或者服装同类色中的浅色绘制，根据光源位置绘制受光部位，注意线条的粗细、虚实变化（图4-81、图4-82）。

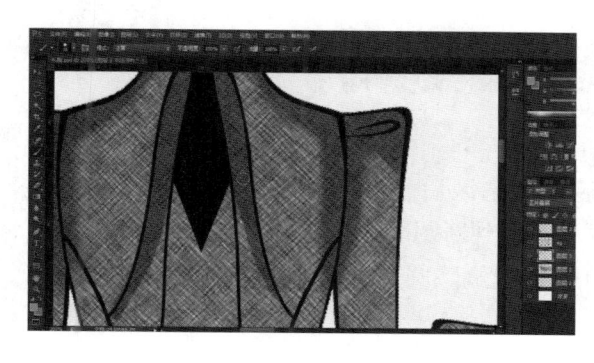

图4-81　绘制暗部效果　　　　　　　图4-82　绘制亮部

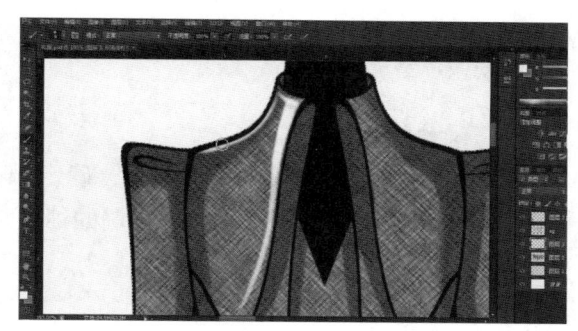

4. 绘制细节

将暗部阴影和亮部放入同一个群组，复制后将群组水平翻转（快捷键为Ctrl+T）。在人台底座绘制白色曲线，点击【滤镜】【模糊】【高斯模糊】，调整半径数值，使底座产生自然的立体感（图4-83~图4-88）。

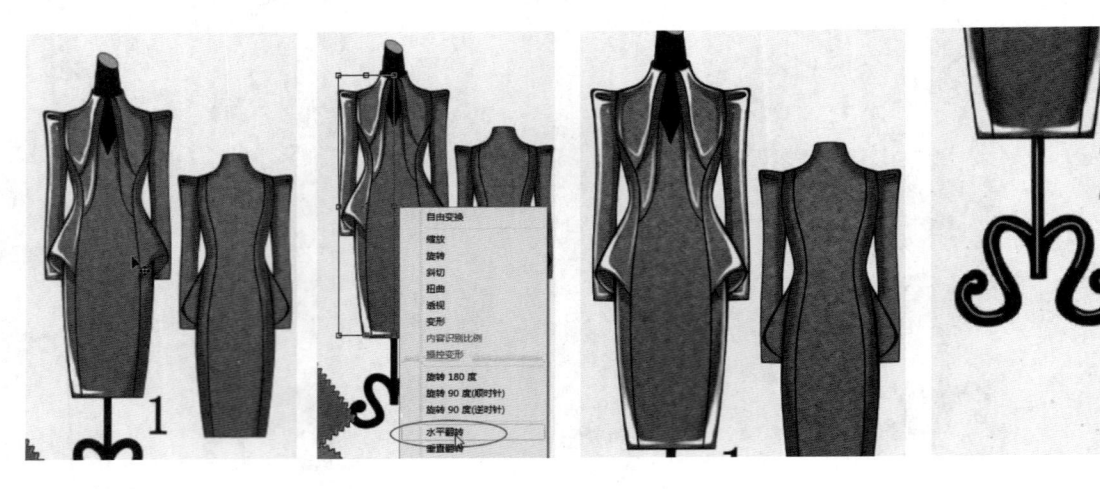

图4-83　群组暗部亮部　　图4-84　水平翻转　　图4-85　滤镜—模糊—高斯模糊　　图4-86　绘制亮部

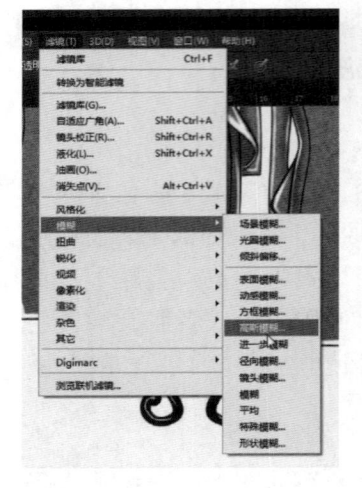

图4-87　高斯模糊　　　　　　　　　　图4-88　调整半径数值

5. 设计细节说明

使用椭圆选框工具绘制正圆形，确定服装局部选区后复制粘贴（快捷键为Ctrl+C，Ctrl+V），将款式图中需要说明、强调的细节复制粘贴到新图层，并适当放大，按Ctrl键点击圆形图层，点击反选，选择款式复制图层，按Delete键删除圆形选框外的内容，使用黑色描边边框（图4-89、图4-90）。

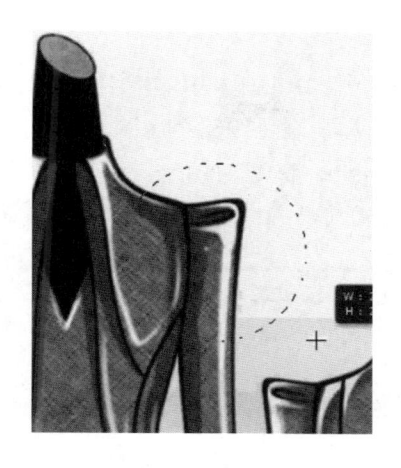

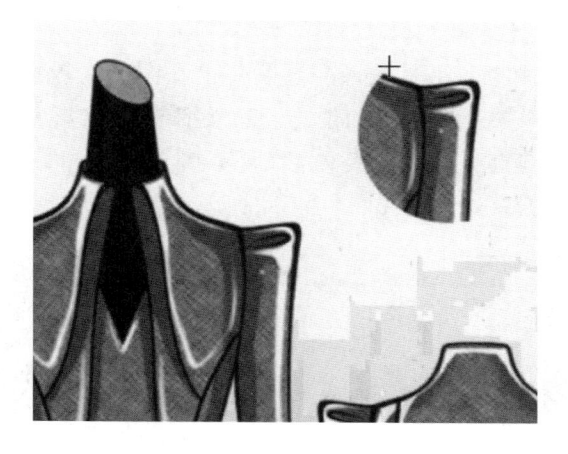

图4-89　复制粘贴　　　　　　　　　图4-90　绘制正圆形

6. 排版设计与整体画面调整

在CorelDRAW软件里完成设计图线稿排版，在Adobe Photoshop软件里完成面料填充及内容排版。新建图层绘制背景框，填充渐变色，双击图层，显示出图层样式，点击【投影】，调整投影方向与数值，使背景板有阴影效果，增加层次感。同样的方法，给细节圆框设置投影效果。调整整体的色彩感觉，选取面料色彩图层，点击【图像】调整【色相/饱和度】，调整面料整体的色相、饱和度、明度（图4-91）。

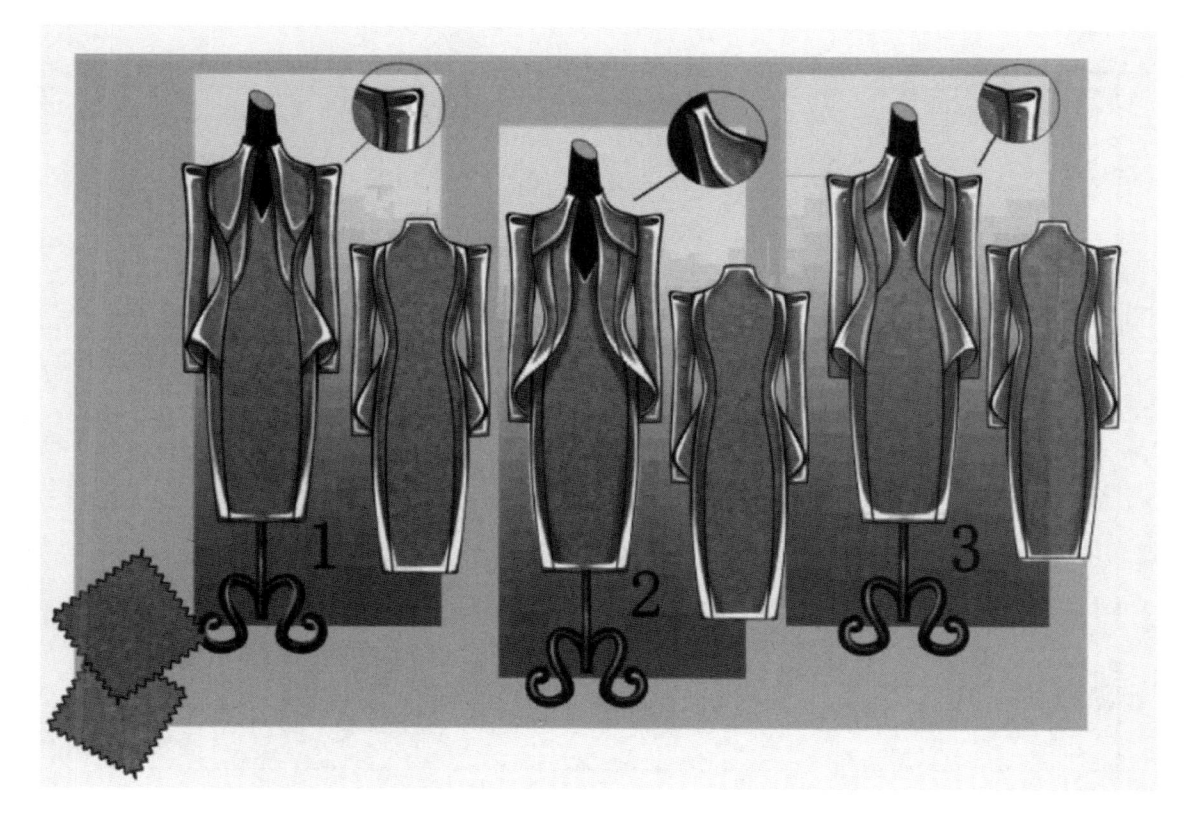

图4-91　完成款式排版

7. 文字输入

使用文字工具输入主题名称，在图层面板点击右键，选择【栅格化文字】，填充渐变色，调整文字的大小和位置。输入细节说明，使用钢笔工具绘制弧线路径（图4-92），使用文字工具在弧线上输入文字（图4-93），选择字体和大小，调整文字的色彩和位置。完成整体的平面款式绘制（图4-94）。

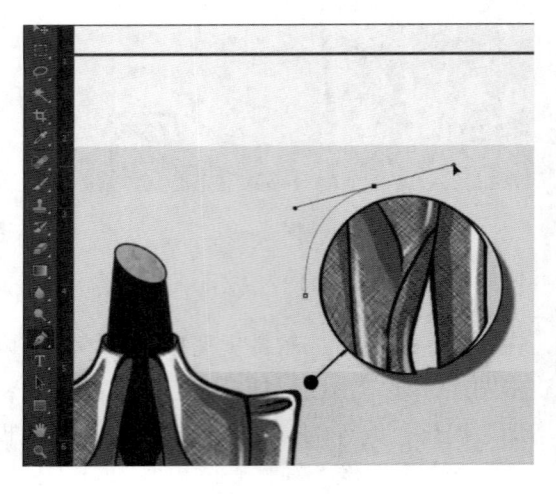

图4-92　钢笔工具绘制弧线路径　　　　　　图4-93　输入细节说明

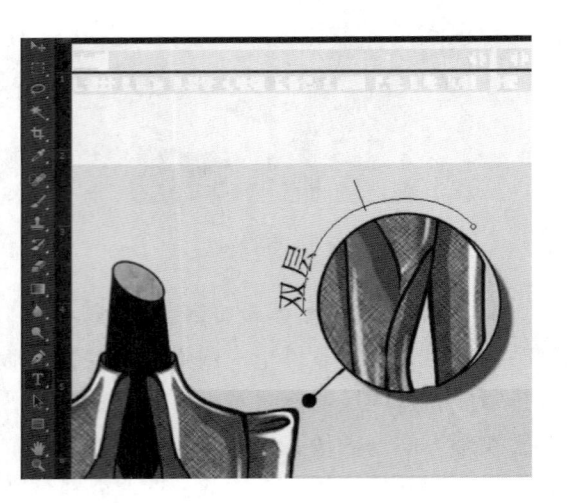

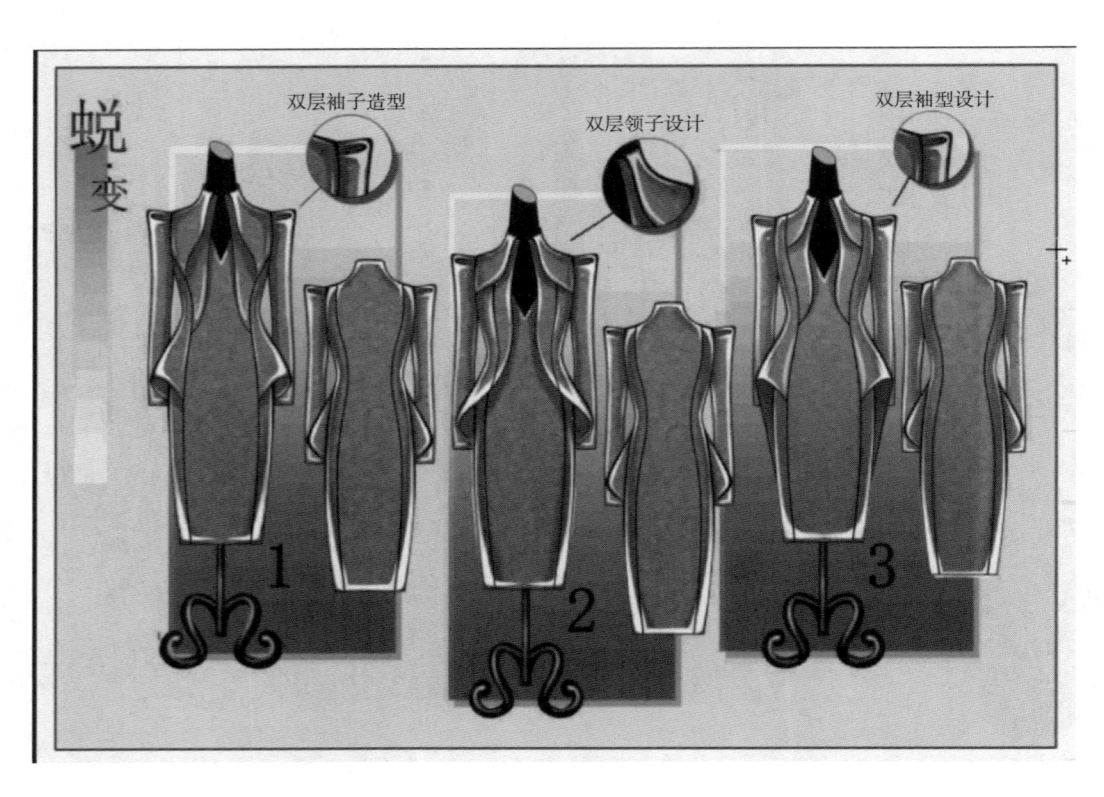

图4-94　完成平面款式图

作业练习： 拓展一个系列的款式，绘制平面结构款式图（选择CorelDRAW软件或Adobe Illustrator软件，结合Adobe Photoshop软件使用），大小为A3，分辨率为300dpi，横向构图，要求有系列感、面料设计与明暗关系，款式变化合理、有新意。

模块五　女套装基础立体造型

项目一　立体造型工具与材料、人体模型标记与立裁针法

上课时数：4课时

能力目标：通过教学，使学生掌握成衣立裁的基本方法，并能根据设计的款式制作出成衣立体效果

知识目标：立体造型的相关材料及基本技巧

重　　点：标记带与立裁针法

难　　点：准确贴标记带

课前准备：预习本课教授内容

一、立体造型工具与材料

工具准备：纯棉白坯布、立裁专用大头针、9~10号剪刀、针插、标记带（准备两个颜色）、皮尺、打板尺、六字尺、铅锤、0.5或0.7的自动铅笔、手针、缝纫线（图5-1~图5-6）。

图5-1　纯棉白坯布 　　　　图5-2　标记带 　　　　图5-3　9~10号剪刀

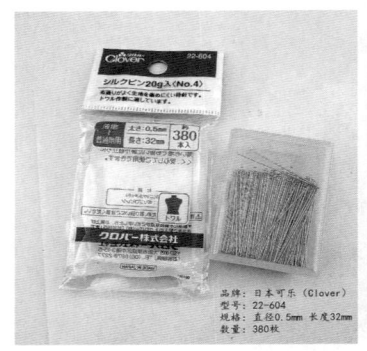

图5-4　立裁专用大头针 　　图5-5　立裁珠针 　　　图5-6　针插

二、人台的贴线

人台标记带是在人台上标记人体体型的特征位置，为服装与人体的准确对位裁剪和规范化的立体操作以及获取纸样提供保证。

1. **标准人台的主要部位尺寸参考**

使用M码84/160人台。用大头针标出BP点（胸高点）的位置，以M码尺寸人台为例，从SNP点（侧颈点）的位置到BP点的位置，一般为24cm左右；脖颈根部领围为37cm，SNP点经过BP点到腰线的长度为40.5cm左右；腰线到臀围线的长度为18cm；后背长为38cm。

2. **贴标记带的方法**

（1）前身、侧边、后身围度线要保持水平，将人台取下，放在平台上，在人台支架杆上套一把直尺或者曲线板，围绕人台平行移动人台支架，环绕胸围一圈，用大头针取出胸围线轨迹，根据轨迹贴出胸围标记带，观察前后的位置是否水平。

（2）从BNP点（后颈点）下量取37~38cm，为腰围线的位置，同样的方法，先用大头钉钉出腰围的轨迹，贴出标记带。

（3）从前腰围中点向下量取18cm，为臀围线的位置，同样的方法，先用大头针钉出臀围的轨迹，贴出标记带。

3. **领围线**

用皮尺圈出3cm，套在人台脖颈根部，注意两侧要对称，前领窝略低，后领窝在拼缝线上，用大头针钉出弧线轨迹，用标记带标出领围线。

4. **前中、后中线**

固定一个铅锤在前领中，观察垂直线的位置，标记出前中线的轨迹，用标记带贴出。用同样方法贴出后中线。

5. **其他**

沿人台拼接线贴出肩线与侧缝线的位置；沿着人台前片拼缝的位置，贴出前后结构线（图5-7~图5-9）。

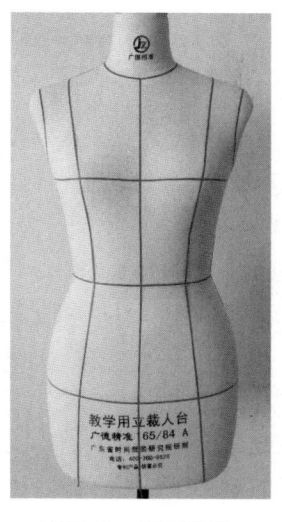

图5-7　正面贴线 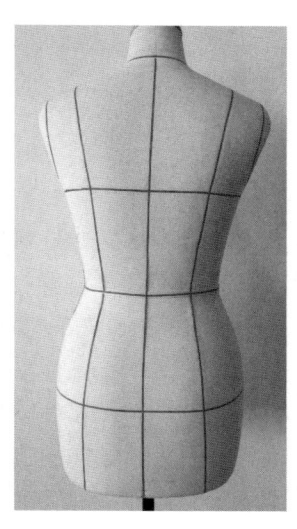　　　　图5-8　背面贴线 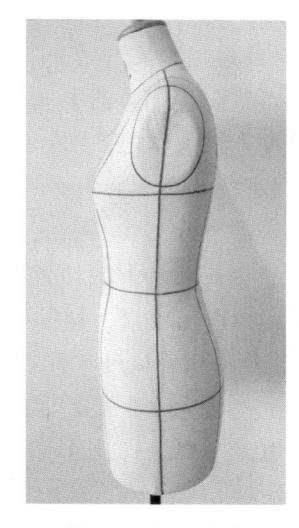　　　　图5-9　侧面贴线

三、立裁针法操作步骤

1. 捏合别针法

将两片布捏合在一起，用大头针固定的方法称作捏合别针法。通常用于塑造紧身合体的造型，针的位置就是轮廓线的位置，常用于如省道、侧缝、肩缝等位置的固定与调整（图5-10）。

2. 搭缝别针法

将两片布搭接固定在一起的针法称作搭建别针法。操作时应注意查看两层面料结合是否平服，当缝份多时，大头针要横别，缝份少时，大头针要竖别，制成线按照大头针固定的位置来决定。这种方法常用于衣领、领口的结合处，或者布料扩展拼接处等（图5-11）。

3. 折叠别针法

将衣片布料缝边折进一个缝份压在另一个衣片的缝份上，沿上层止口用大头针将上、下两层布固定在一起，这种方法称作折叠别针法（图5-12）。

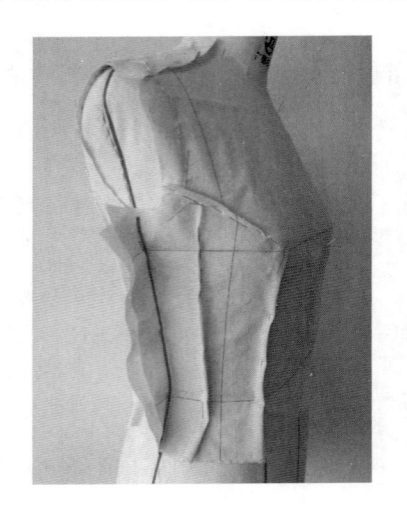

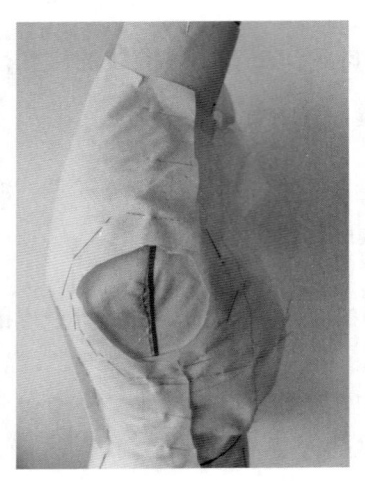

图5-10 捏合别针法　　图5-11 搭缝别针方法　　图5-12 折叠别针方法

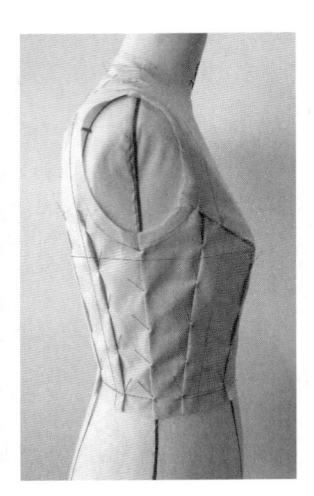

4. 藏针别针法

在折进缝份拐外或者弯曲的地方，尽量把针藏起来，如绱袖位置，这种方法称作藏针别针法。

5. 省道别针方法

将省道分为省尖、省底、省边三个部分，用大头针挑两根纱线作为省尖点，表示省尖位置，捏别省底的位置，再沿着省尖与省底的连接线捏别出省量，这种方法称作省道别针法（图5-13）。

6. 大头针的排列与固定形式

（1）使用单针垂直针法时，大头针的方向和人台呈垂直状，直接插针到人台上，用于临时固定布料。大头针的倾斜方向应与布受力方向应相反，这样才能固定面料。

（2）使用双针斜插针法时，两个大头针斜向进入同一个针

图5-13 省道别针方法

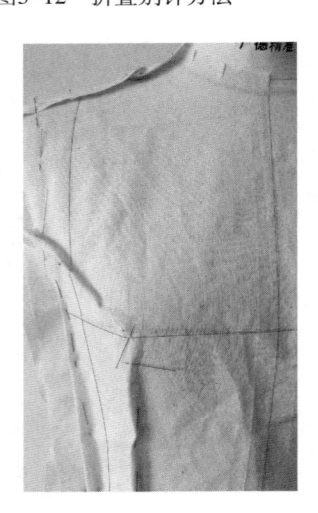

位，可以很好地固定面料；也可以在某些部位固定一些松量，两个大头针交叉固定，将松量夹住。

（3）此外，大头针的排列方法还包括纵向针法、横向针法、斜向针法。不论用什么针法，应注意衣身左右用针对称排列，间距适当，斜度整齐一致。

7. 大头针别法注意要点

（1）大头针针尖不宜露出布料过长，容易划破手指。

（2）大头针挑布量不宜太多，因为大头针穿过的布量太大容易松动，也可以防止别合后布料不平服。

（3）别合一进一出要用大头针的尾部，固定后比较稳定。

（4）在直线的地方拉开些距离别大头针，曲线的地方可别细密些。

作业练习：核实人台的关键尺寸，在人台上贴出标记线，并用坯布练习各种针法。

项目二　衣身原型变化胸腰省道构成

上课时数：4课时
能力目标：通过教学，使学生掌握成衣立裁的基本方法，并能根据设计的款式制作出成衣立体效果
知识目标：衣身原型立体造型的要求与制作方法
重　　点：衣身原型的制作原理
难　　点：立体造型省位的制作
课前准备：预习本课教授内容

一、原型变化款式

款式如图5-14所示。
衣身廓型：合体型。
结构要素：省道。
胸围线以上曲面量处理：前片——适量的前袖窿松量、前袖窿省、胸腰省、侧边腰省、侧缝；后片——适量的后袖窿松量、肩缝省、后背腰省、后侧腰省、侧缝；胸围线——腰围线曲面量处理。
领窝造型：基础领窝。
袖笼造型：合体风格圆装袖的基础袖窿。

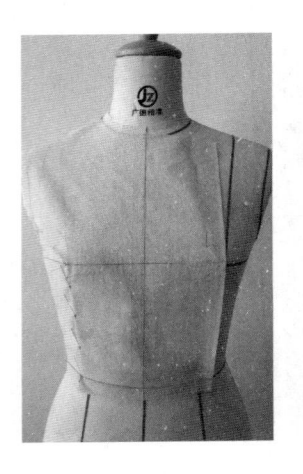

图5-14　原型变化款式

二、操作步骤与要求

1. 坯布准备

取布量按照款式最宽部位+松量（3cm）+缝份量（2cm），画出竖向的前中线、后中线、侧缝剪开线、14cm造型线，画出横向的胸围线、腰围线。

2. 烫布、上布

调整烫斗温度至棉的档位上，将布料喷水烫平，沿侧缝剪开线剪开，分出前后衣片。将前片用布固定于人台，胸围线、腰围线与人台相应位置对齐，两侧上、中、下位置分别用八字针固定，胸围放出适当松量，使布料横平竖直，将后片卷起钉在人台后身部位。

3. 修剪领窝

用大头针在前片右侧边用三对交叉针固定布料的上、中、下位置，后片固定于人台，呈横平竖直状态，有适度松量。从前中垂直开剪，修剪左边多余布料，在领口处打剪口，使布料平伏，注意剪口距离领窝线0.2cm，修剪领窝形状，止口量为1cm左右。

4. 制作胸上省

按照操作由上至下，由中间向两侧的顺序，将肩膀布料抚平。修剪出基本领窝后，固定SP点（肩点）处，胸围线位置保持不变，保持胸围有1~2cm的松量。袖窿处浮余量以省道形式处理，在BP点上挑出两根纱线作为省尖点，前袖窿胸宽的位置作为省底位置，收取合适的省量，初步确定袖窿省位置及省道量。粗裁前袖窿弧线，确定袖窿省道，别出省边。观察胸

围线以下是否竖直，领口、肩部、袖窿松量是否适度，完成胸上省的初步造型。

5. 制作胸腰省

（1）制作胸下省。在BP点下2cm，用大头针在省尖点挑出两根纱线，标记省尖点位置。用大头针的针尖从省尖点向下，按照布纹经纱线，垂直向下滑动，标记出省中间的对折线，在腰间对折线两侧对称取省量，以靠近前中的布料平服为准，保持布料纱向的平直，避免拉扯现象。

（2）制作侧边省。前胸宽位置过1.5cm，用大头针在省尖点的位置挑出两根纱线，标记省尖点位置。用大头针的针尖从省尖点向下，按照布纹经纱线，垂直向下滑动，形成省中间的对折线，在腰间对折线两侧对称取省量，以靠近胸下省的布料平服为准，保持布料纱向的平直，避免拉扯现象。

用标记点贴出肩线位置和侧缝线位置，注意侧缝线腰部位置收入一个侧缝省（图5-15~图5-17）。

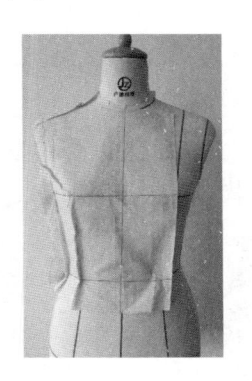

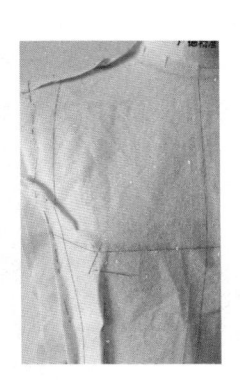

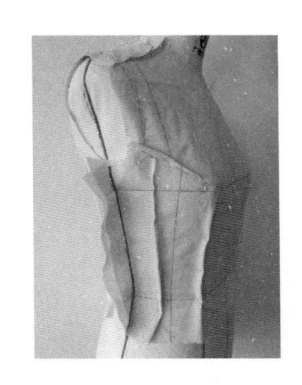

图5-15　制作胸上省　　　图5-16　制作胸下省　　　图5-17　制作侧边省、贴出肩线位置和侧缝线位置

6. 后领口修剪

用大头针在后中线左侧边通过三对交叉针固定上、中、下的布料，将后片固定于人台，呈横平竖直状态，有适度松量，从后中垂直开剪，修剪左边多余布料，在领口打剪口，使布料平伏，注意剪口距离领窝线0.2cm，修剪领窝形状，止口量为1cm左右。

7. 制作肩胛省

保持胸围线不变，将多余的布料向上推，在肩线中间位置有余量，大头针在肩胛骨点上1cm处挑两根纱线为省尖点，别出省边至肩线中间位，完成省道处理。

8. 制作后腰省

（1）后片胸围线至腰围线的收腰处理，胸围松量为1.5cm，适量分配腰部省量，找出省尖位置，后腰省的省尖指向肩胛骨点，制作方法同前片胸下省。

（2）后侧省的省尖在后袖窿弧线或中点向内1cm的位置，方法同上，在腰间收取省量，省道中心布纹竖直，省道位置均匀，与人体相贴合。

9. 修剪袖窿弧线

前后片肩部布料用搭别法连接，前后片侧边布料用抓别法固定。确定出侧边边线，用大头针别出袖窿弧线轨迹，注意弧线的圆顺，预留止口2cm，修剪袖窿弧线（图5-18~图5-21）。

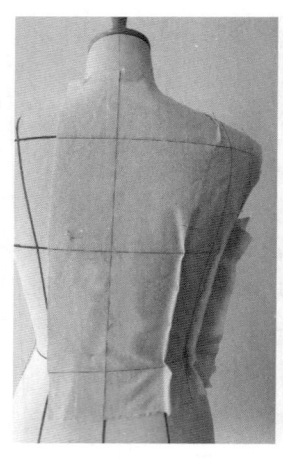

图5-18　制作后腰省 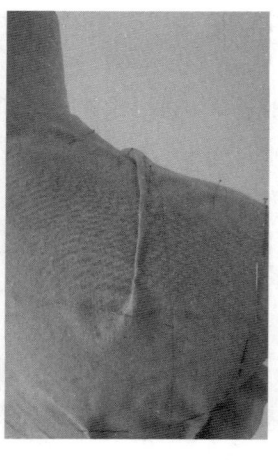　　图5-19　制作肩胛省 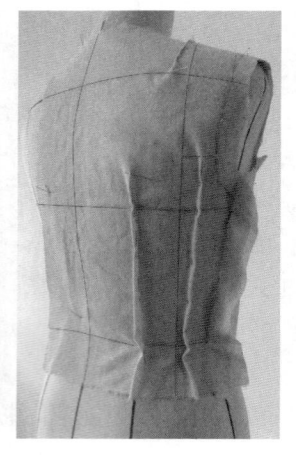　　图5-20　制作后侧腰省 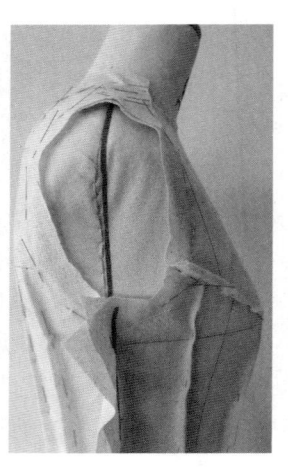　　图5-21　修剪袖窿弧线

10. 描点划线

在人台衣片上按照大头针和标记带的轨迹描点，拆下衣片，用打板尺和曲线板绘制出裁片结构。修剪缝份，保留缝份量1.5cm。用大头针假缝样衣，边插入大头针边折叠省位，将线迹折在里面，用叠别法别和前后片肩线和侧缝线，最终完成造型（图5-22~图5-27）。

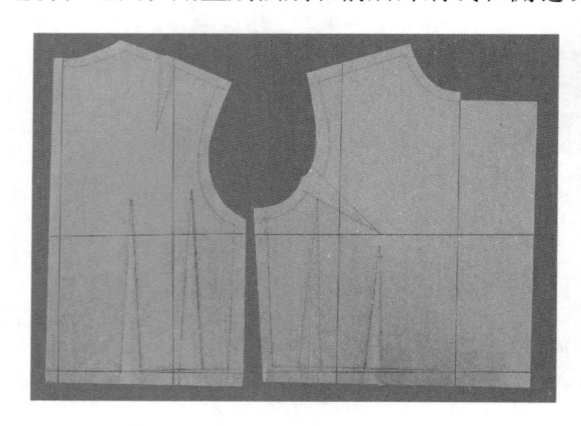

图5-22　描点划线 　　　　图5-23　折叠省位 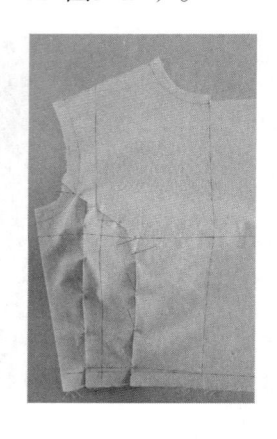　　　图5-24　叠别法别和

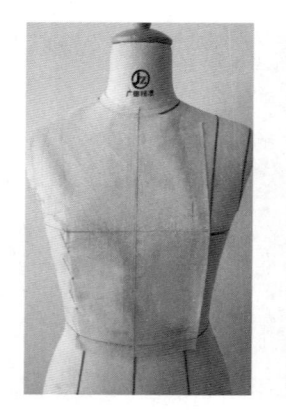

图5-25　前身造型 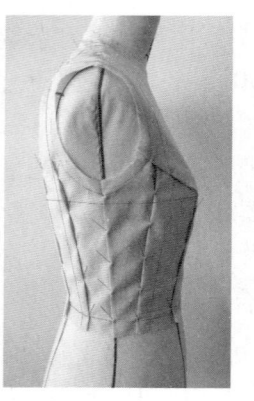　　图5-26　侧身造型 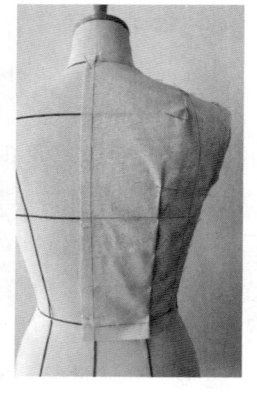　　图5-27　后身造型

作业练习：用立裁的方式制作一整件原型上衣。要求使用纯棉白坯布，操作步骤规范，有横向、纵向参照线，针法整齐准确，结构位置准确、省量适中，布面熨烫平整。

项目三　胸省位移立体造型褶裥制作

上课时数：4课时
能力目标：通过教学，使学生掌握通过立裁制作褶裥的基本方法，并能根据设计的款式制作出成衣立体效果
知识目标：理解省位转移后的褶裥立体造型的要求与制作方法
重　　点：胸省位移的制作原理
难　　点：褶裥的立体制作
课前准备：预习本课教授内容

一、前身褶裥立体造型制作

款式如图5-28所示。
衣身廓型：X型。
结构要素：褶裥。
胸围线以上曲面量处理：前片——适量的前袖窿松量，胸腰褶裥；后片——适量的后袖窿松量，背腰省、侧缝。
领窝造型：基础领窝。
袖笼造型：合体风格圆装袖的基础袖窿。

二、操作步骤与要求

1. **坯布准备**

取布量按照款式最宽部位+松量（3cm）+缝份量（2cm），画出竖向的前中线、后中线、侧缝剪开线、14cm造型线，画出横向的胸围线、腰围线。

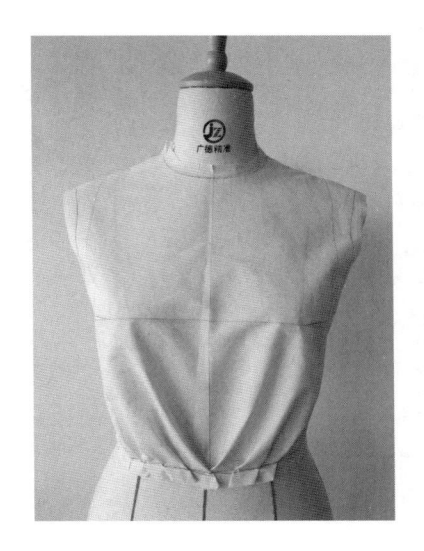

图5-28　前身褶裥立体造型制作

2. **烫布**

沿侧缝剪开线剪开坯布，分出前后衣片。前片用布固定于人台，胸围线、腰围线与人台相应位置对齐，两侧上、中、下位置分别用八字针固定，胸围放出适当松量，使布料横平竖直。后片卷起钉在人台后身部位。

3. **修剪领窝**

用大头针在前片右侧边通过三对交叉针固定上、中、下的布料，将后片固定于人台，呈横平竖直状态，有适度松量，从前中垂直开剪，修剪左边多余布料，在领口打剪口，使布料平伏，注意剪口距离领窝线0.2cm，修剪领窝形状，止口量为1cm左右（图5-29）。

4. **制作腰部褶裥**

按照操作由上至下，由中间向两侧的顺序，将肩膀布料抚平，修剪出基本领窝后，固定SP点（肩点）处，BP点上插一对针固定，前中胸围线位置保持不变，保持胸围有1~2cm的松量，袖窿处浮余量向下向侧边前中推，初步确定前腰中的褶裥量。褶裥造型可自行设计，按照褶裥数量、倒褶方向、间距变化的方法进行设计（图5-30~图5-32）。

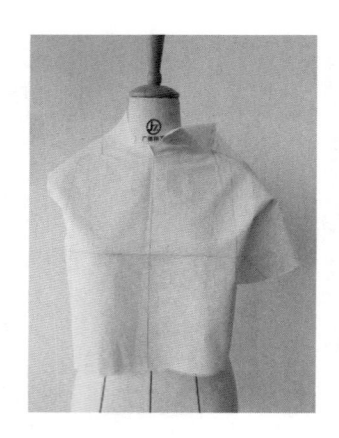

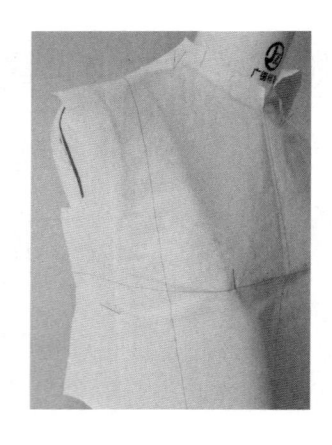

图5-29　修剪领窝　　　　　　　图5-30　固定SP点、BP点

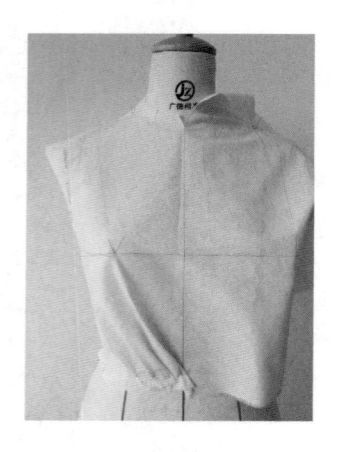

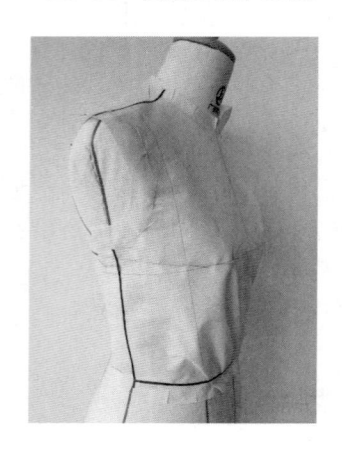

图5-31　制作腰部褶裥　　　　　图5-32　贴出侧缝线、腰线

5. 后领口修剪
用大头针在后中左侧边用通过三对交叉针固定布料的上、中、下位置，将后片固定于人台，呈横平竖直状态，有适度松量，从后中垂直开剪，修剪左边多余布料，领口打剪口，使布料平伏，注意剪口距离领窝线0.2cm，修剪领窝形状，止口量为1cm左右。

6. 制作后背腰省
将领肩部的面料抚平，将多余的布料向下推，在腰位收省，胸围松量为1.5cm，找出省尖位置，后腰省的省尖指向肩胛骨点，用大头针从省尖点向下垂直划线，根据划痕对折，取出省量，省道位置均匀，与人体相贴合（图5-33）。

7. 重新确定胸围线
连接前后衣片，肩线与侧缝用搭别大头针的方法固定，观察胸围松量是否适合。由于前后片的省位量全部转至腰间，胸围线的位置发生了改变，应重新用大头针参照人台胸围线别出胸围线的位置（图5-34）。

8. 修剪袖窿弧线
用搭别法连接肩部前后片，用搭别法固定前后片侧边，确定出侧边边线，用大头针别出袖窿弧线轨迹，注意弧线的圆顺，预留止口2cm，修剪袖窿弧线（图5-35）。

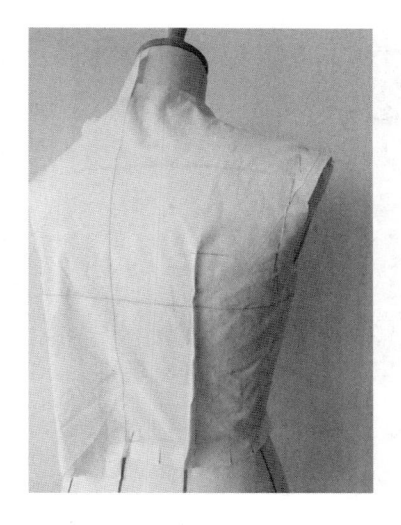

图5-33　后领口修剪 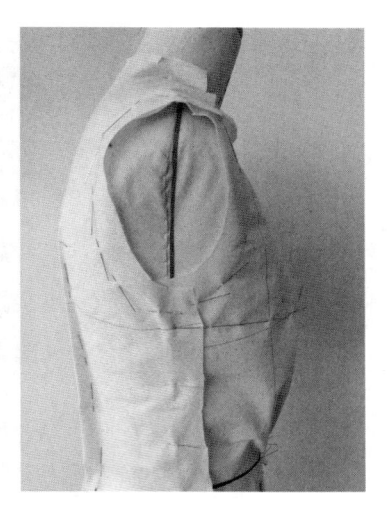　　　　　图5-34　重新确定胸围线 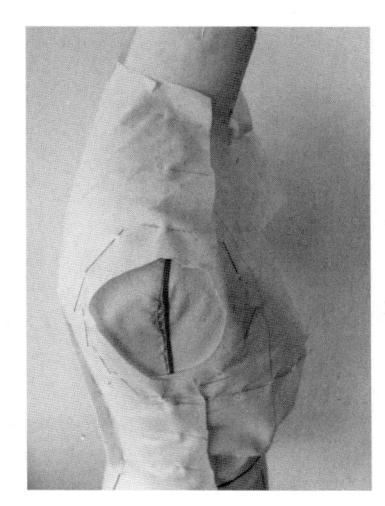　　　　　图5-35　修剪袖窿弧线

9. 描点划线

在人台衣片上按照大头针和标记带的轨迹描点，拆下衣片，用打板尺和曲线板绘制出裁片结构，修剪缝份，保留缝份量1.5cm，将前片沿中线对折，修剪另外半片，用大头针假缝样衣，注意褶裥只别和腰部褶量（图5-36~图5-41）。用叠别法别和前后片肩线和侧缝线，后片腰省边至边折叠省位，将线迹折在里面，最终完成造型（图5-42~图5-45）。

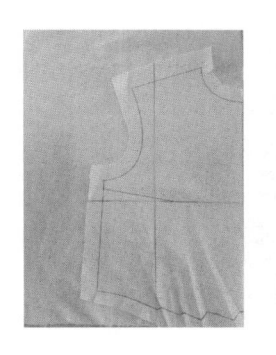

图5-36　描点划线 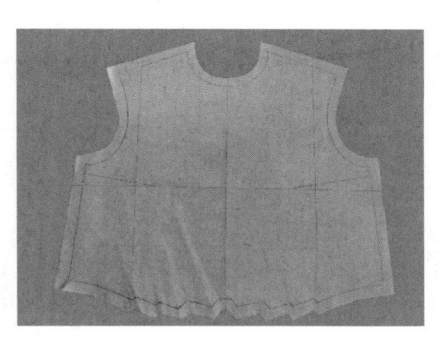　　　　　图5-37　保留缝份量1.5cm 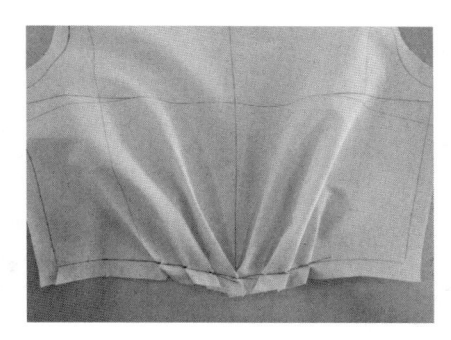　　　　　图5-38　别和腰部褶量

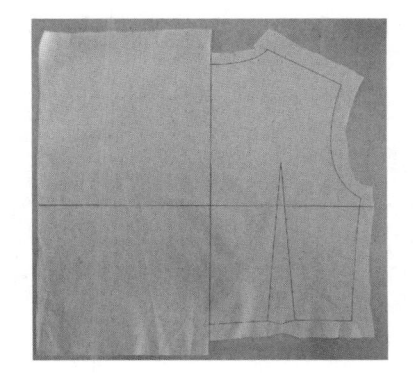

图5-39　后片描点划线 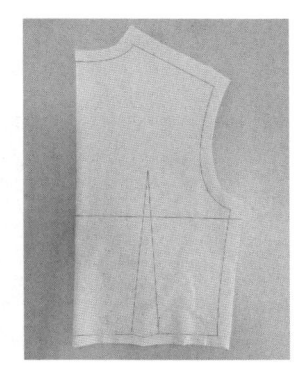　　　　　图5-40　修剪另外半片 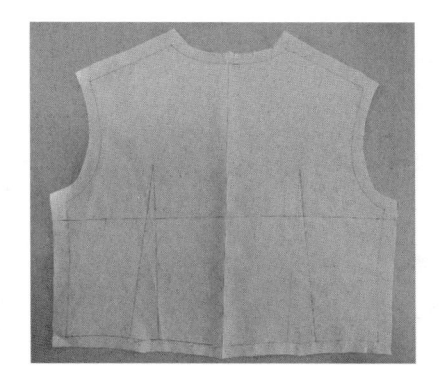　　　　　图5-41　保留缝份量1.5cm

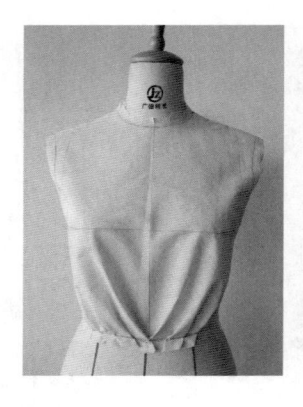

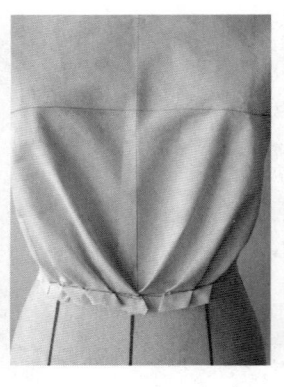

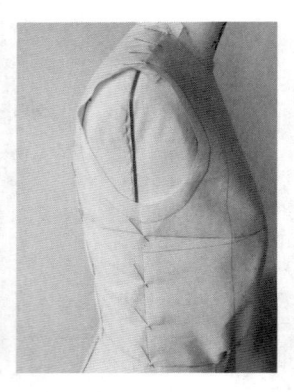

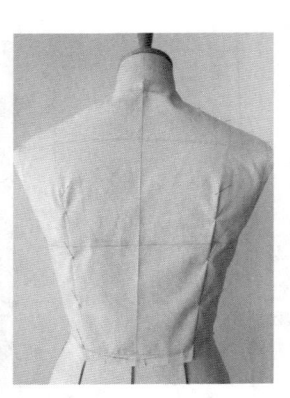

图5-42　正面造型　　　图5-43　腰褶裥造型　　　图5-44　侧面造型　　　图5-45　后背造型

作业练习： 用立裁的方式制作一整件褶裥上衣。要求使用纯棉白坯布，操作步骤规范，有横向、纵向参照线，针法整齐准确，结构位置准确，前身褶裥可自由设计，后省量适中，布面熨烫平整。

项目四　领子的立体造型

上课时数：4课时
能力目标：通过教学，使学生掌握成衣立裁领子制作的基本方法，并能根据设计的款式制作变化领型的立体效果
知识目标：理解领子的立体造型的要求与制作方法
重　点：连立领、衬衫领、连翻领的制作原理
难　点：连立领、衬衫领、连翻领的设计与立体制作
课前准备：预习本课教授内容

一、领子的立体造型

领型款式分为直立领、中式领、衬衫领、连翻领。直立领是指一片直纱领围绕脖颈，没有做任何的曲度变化，常用在较为宽松的风衣外套的领部设计。中式领是指较为合体、包裹脖颈的领型，常用在女式旗袍等中式服装的领型设计中。衬衫领的特点主要分为底领与翻领两个部分，底领服帖、包裹脖颈，翻领与底领连接，翻折后做领口外形设计与变化。连翻领是指一片布做的翻领，没有底领，较衬衫领宽松，连翻领可分为大连翻领和小连翻领，制作方法也有区别。

二、操作步骤与要求

1. 直立领

（1）贴出领窝线。在前身衣片领围处用标记带贴出领窝线，领子的造型先要考虑领窝的大小和比例关系，前领深和领宽的尺寸直接影响领子的造型效果和风格（图5-46）。

（2）坯布准备。取布量按照领型款式最宽部位+松量（3cm）+缝份量（2cm），画出竖向的后中线、横向线，直立领取横条布料对折，下留1cm止口量（图5-47）。

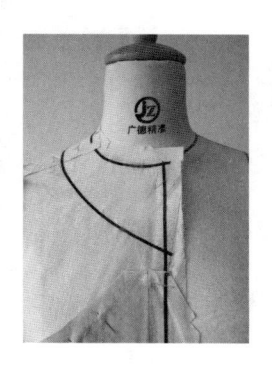

图5-46　贴出领窝线　　　　图5-47　坯布准备

（3）操作步骤。对齐后中线，沿后衣身领窝线别三个大头针固定，沿着领子止口线与衣身领窝线别和。直立领的横向线与领窝线是一致的，对应搭别，完成直立领造型（图5-48~图5-50）。

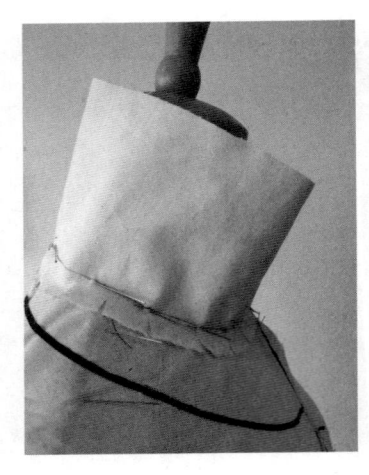

图5-48　后领窝线固定　　　图5-49　后领窝线别和　　　图5-50　前领窝线别和

观察分析直立领的造型特点、与脖子的关系。直立领结构较为简单，容易理解，与脖子关系不服帖，一般用在夹克外套、风衣的领型结构中。将直立领的领窝加大，领高加高，可以高至鼻底位置，起到防风御寒的效果。

2. 中式领

（1）贴出领型线。中式领的领窝线为合体领，贴出中式领的外领口线条，注意中式领为对称领型，起点在前中线的位置（图5-51~图5-53）。

（2）坯布准备。取布量按照领型款式最宽部位+松量（3cm）+缝份量（2cm），画出竖向的后中线、横向线，下留1cm止口量。

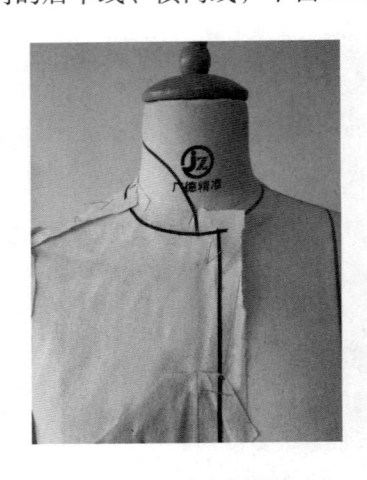

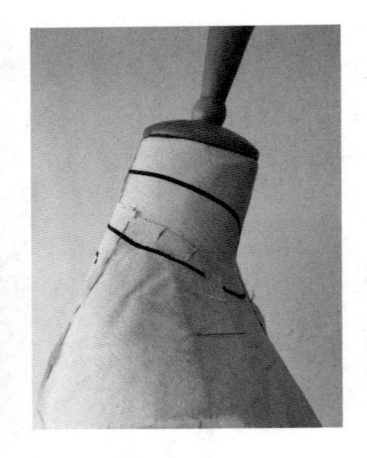

图5-51　贴出领型线　　　图5-52　侧面领型线　　　图5-53　后领型线

（3）操作步骤。对齐后中线，沿后衣身领窝线别三个大头针固定，沿着领子止口线与衣身领窝线别和，侧边和前领部分布料要向下拉，下止口位置打剪口，将布料在原来横向线的位置下拉，使领口变小、服帖。用大头针别出中式领的弧形领口线，粗裁外领口线。根据大头针的轨迹画点，领下口线根据针迹描点，取下领子，用打板尺和曲线板连顺点迹，完成中式领纸样（图5-54~图5-58）。

图5-54　后中线对齐　　　图5-55　别和侧领窝　　　图5-56　别和前领窝

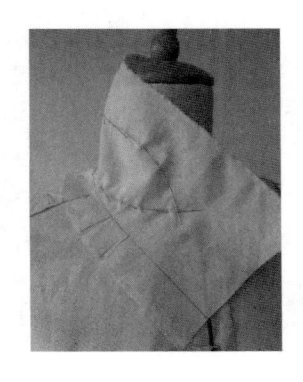

图5-57　别出领型线条　　　　　　图5-58　描点画线

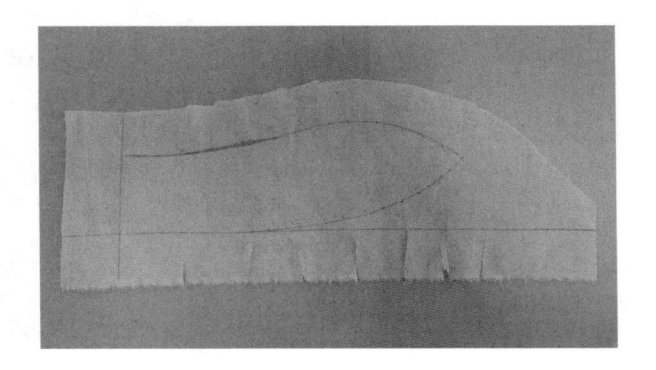

观察分析中式领的造型特点、与脖子的关系。中式领较为合体，与脖子关系服帖，一般用在合体领型设计中，注意领下弧线的变化，在横向纱向线以上，有上翘的量。

3. 衬衫领

（1）贴出领型线。衬衫领的领窝线为合体领，贴出衬衫领的领底的外领口线条，注意衬衫领底有扣位，起点位于过前中线1.5cm的位置（图5-59、图5-60）。

图5-59　贴出领座线　　　图5-60　后领贴线

（2）坯布准备。取布量按照领型款式最宽部位+松量（3cm）+缝份量（2cm），画出竖向的后中线、横向线。取两块布料，一是领底，下留1cm止口量，二是领面，下留3cm止口量（图5-61）。

（3）操作步骤。

步骤一：先做领底部分，后中线对齐，沿后衣身领窝线别三个大头针固定，沿着领子止口线与衣身领窝线别和，方法与中式领相同，下拉布料，使领口与脖子服帖，保持适量松度（图5-62~图5-64）。

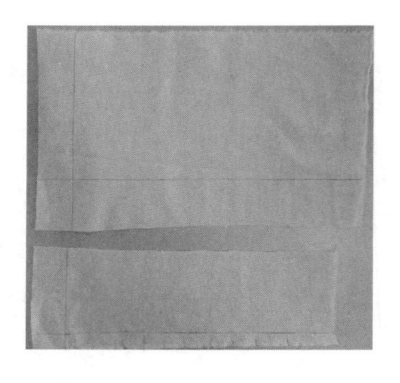

图5-61　坯布准备

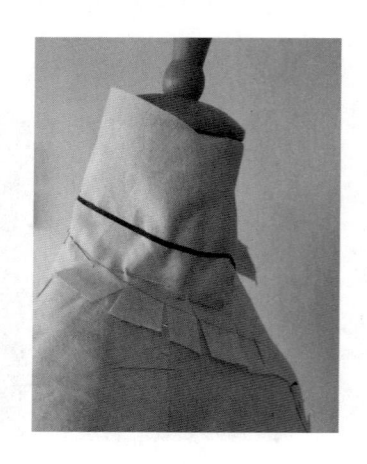

图5-62　下拉布料　　　　图5-63　固定领窝　　　　图5-64　贴出领边线

步骤二：连接上领片，后中位置上下连接，将上领片布料向上提拉，增大领口量，使领片翻下服帖，外口线有拉扯的地方可以上翻布边，打剪口，保持一定松量，贴出外领口线修剪，完成衬衫领造型（图5-65~图5-73）。

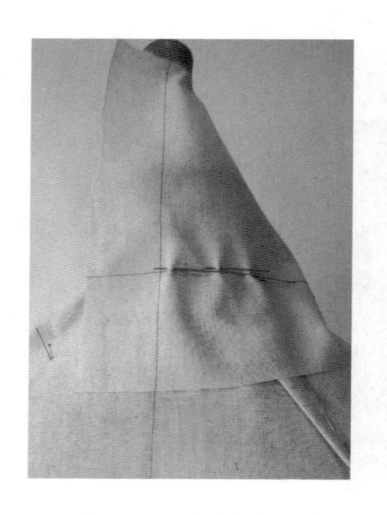

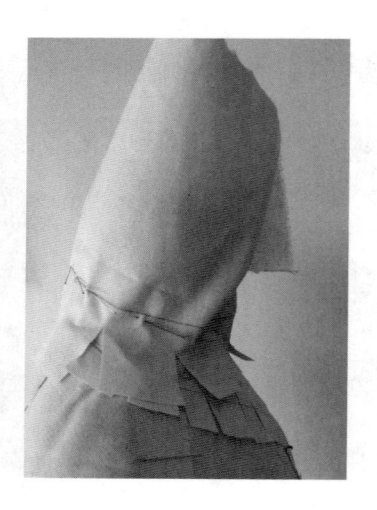

图5-65　后中线对齐固定　　　　图5-66　领面连接领座　　　　图5-67　固定前领窝

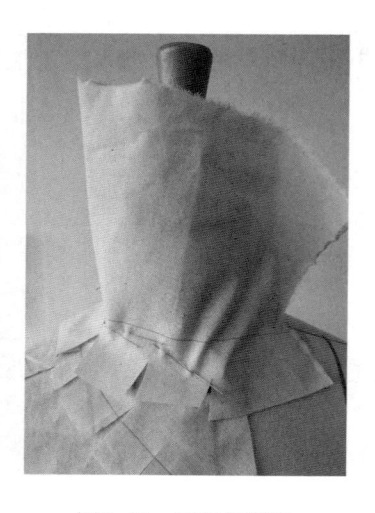

图5-68　整理后领外口线　　图5-69　整理侧领外口线　　图5-70　整理领外口线

图5-71　标出外领边形　　图5-72　修剪领止口　　图5-73　止口保留1.5cm

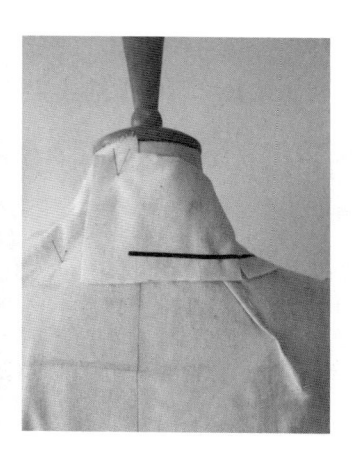

步骤三：按照大头针别和的位置描点，取下领片，用打板尺和曲线板绘制圆顺的线条，完成纸样制作（图5-74）。

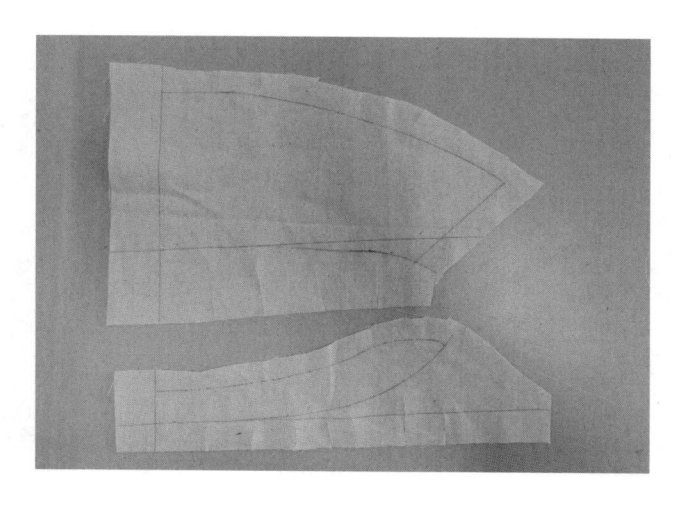

图5-74　描点画线

观察分析衬衫领的造型特点、与脖子的关系。衬衫领较为合体，下领底与脖子关系服帖，领面下翻，对比领底领面的线条变化。注意领底的领下弧线在横向纱向线以上，有上翘的量。领面的领下弧线在横向纱线为下，外口线拉长。

4. 连翻领

（1）贴出领型线。连翻领的领窝线为合体领，贴出领窝线，注意连翻领是对称领型，起点在前中线的位置。

（2）坯布准备。取布量按照领型款式最宽部位+松量（3cm）+缝份量（2cm），取45度斜纱向，画出竖向的后中线、横向线。取两块布料，一是领底，二是领面，下留3cm止口量（图5-75）。

（3）操作步骤。对齐后中线，沿后衣身领窝线别三个大头针固定，沿着领子止口线与衣身领窝线别和，将侧边与前片布料向上提，增加领外口线长度及松量，翻折后观察是否平服，贴出外领口线修剪，完成连翻领领造型。按照大头针别和的位置描点，取下领片，用打板尺和曲线板绘制圆顺的线条，完成纸样制作（图5-76~图5-82）。

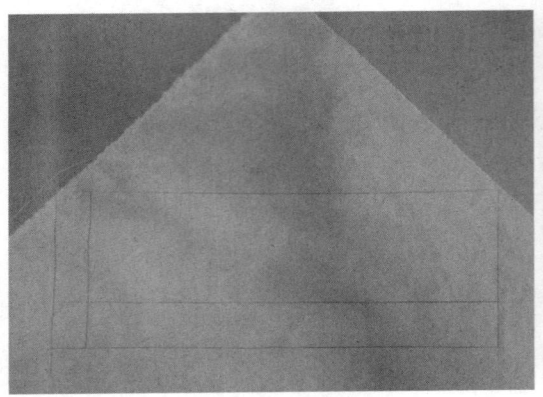

图5-75　坯布45°斜纱向　　　图5-76　后中线对齐　　　图5-77　固定领窝

图5-78　布料上提　　　图5-79　翻下领面　　　图5-80　固定翻领后中

图5-81　贴出外领边线　　　　　图5-82　描点画线

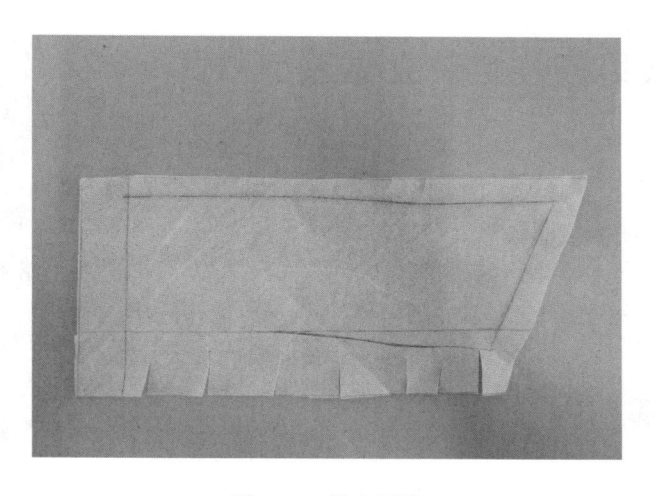

观察分析并对比连翻领与衬衫领的造型特点、与脖子的关系。连翻领较衬衫领合体度差一些，因为没有领底的合体设计，领面下翻时会不舒畅，因为使用45°斜纹面料，布料拉伸性能较好，对比衬衫领面的线条变化，外口线有适当拉长，注意领下弧线在横向纱向线以下，但弧度不规则，视领型大小、松度变化而定（图5-83）。

图5-83　领型比较

作业练习：练习四种基础领型，在此基础上对三款领子进行变化设计，并用立裁的方式制作出来整个领型。要求立裁制作步骤规范，有横、竖纱向线标记，布料平整，针法准确，纸样线条流畅、整洁。

项目五　上装立体造型款式

上课时数：4课时

能力目标：通过教学，使学生掌握成衣上装立裁的基本方法，并能根据设计的款式制作出成衣立体造型效果

知识目标：理解款式设计特点，合理分解服装结构并制作出立体造型效果

重　　点：衣身款式的结构分解

难　　点：衣身、袖、领的立体造型制作方法

课前准备：预习本课教授内容

一、大连翻领女装上衣

款式如图5-84所示。

衣身廓型：X型。

结构要素：外套上装立体造型。

胸围线以上曲面量处理：前片——适量的前袖窿松量，领省处理，有竖向分割线后片——适量的后袖窿松量，有领省下摆设计——前后下摆为波浪造型，侧边不破开。

领窝造型：大领窝连翻领。

袖笼造型：喇叭中袖。

图5-84　大连翻领女装上衣

二、操作步骤与要求

1. 贴款式线

根据款式特点贴出款式线，分析款式设计图的款式结构特点：由几个衣片组成，正面、背面、侧面的结构比例关系等。在前身贴出分割线位置，胸部的多余布料可以在分割线中合理分配，贴出下摆分割线，后片领省线，重复的前中、后中、肩线可以不用贴（图5-85~图5-87）。

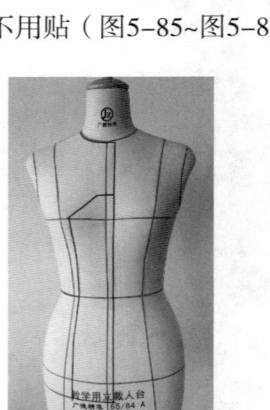

图5-85　贴前身款式线　　图5-86　贴侧身款式线　　图5-87　贴后身款式线

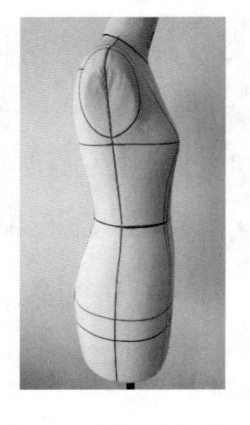

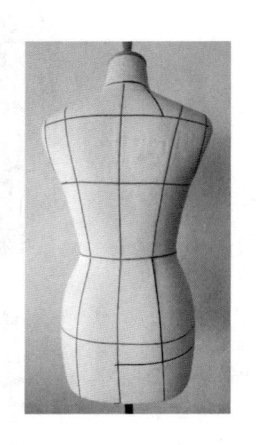

2. 坯布准备

取布量按照款式最宽部位+松量（3cm）+缝份量（2cm），画出竖向的前中线、后中线、侧缝剪开线、14cm造型线，画出横向的胸围线、腰围线。

3. 烫布

沿侧缝剪开线剪开布料，分出前后衣片。前片用布固定于人台，胸围线、腰围线与人台相应位置对齐，两侧上中下位置用八字针固定，胸围放出适当松量，使布料横平竖直，后片卷起钉在人台后身部位。

4. 修剪领窝

用大头针在后前右侧边通过三对交叉针固定布料的上、中、下位置，将后片固定于人台，呈横平竖直状态，有适度松量，从前中垂直开剪，修剪左边多余布料，领口打剪口，使布料平伏，注意剪口距离领窝线0.2cm，修剪领窝形状，止口量为1cm左右（图5-88）。

5. 制作分割线

修剪出基本领窝后，抚平肩膀布料，固定SP点（肩点）处，在BP点上插一对大头针固定。在胸围线位置不变的基础上，多余的布料推向前中线，保持胸围有1~2cm的松量，胸下多余的布料推向腰部，将多余的布料用大头针别起，在衣身上贴出分割线的位置，修剪止口，缝份1.5cm（图5-89、图5-90）。

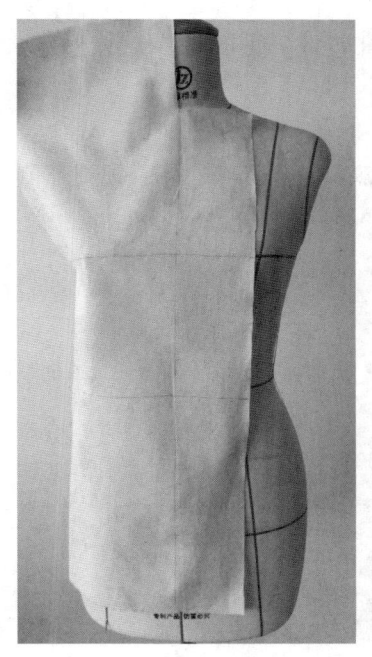

图5-88 前片用布固定于人台 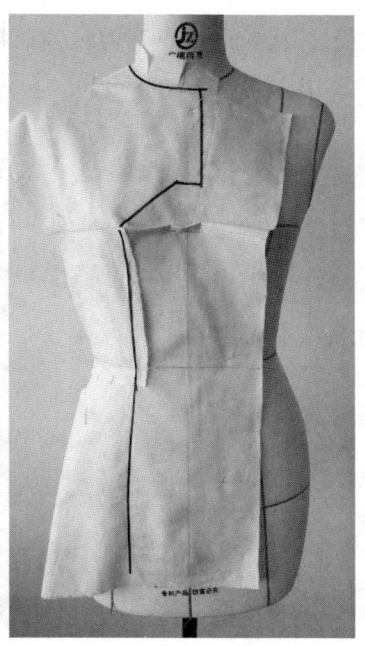　　　图5-89 修剪领窝 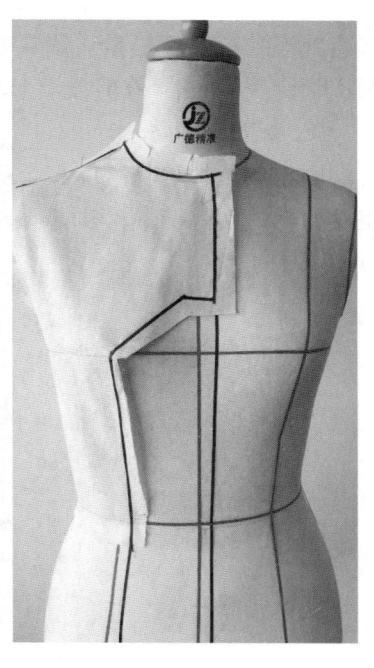　　　图5-90 制作分割线

6. 制作前中衣片

将修剪下的布料附在人台上，上提布料与衣片止口重叠1.5cm。重新标记胸围线和腰围线，抚平布料，沿标记带结构线位置搭别，用标记带贴出门襟线、下身分割线、下摆线的位置（图5-91、图5-92）。

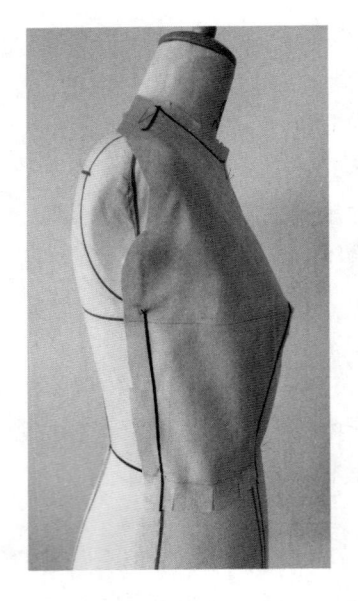

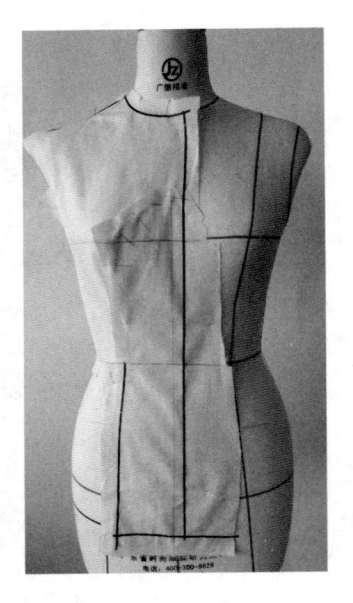

图5-91 贴出侧边线　　　　　　　图5-92 制作拼接衣片

7. 后领口修剪

使用大头针在后中垂直插针，固定布料的上、中、下位置。将后片固定于人台，呈横平竖直状态，有适度松量（图5-93），从后中垂直开剪，领口打剪口，使布料平伏，注意剪口距离领窝线0.2cm，修剪领窝形状，止口量为1cm左右。

8. 制作后领省

固定后中线，将腰间多余的面料向上推，推至侧边，肩部多余的面料推至后领圈外侧，将领肩部的面料抚平，领省的省尖位置指向肩胛骨点，别出领省，松度适中（图5-94）。

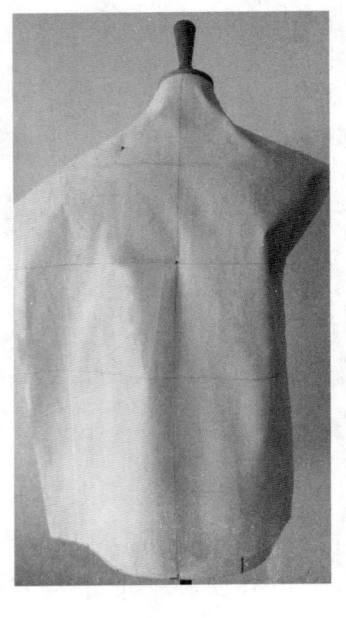

图5-93 固定后片布料　　　　　　图5-94 制作后领省

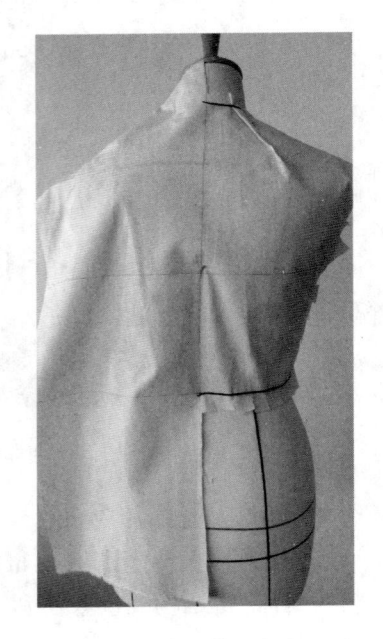

9. 修剪袖窿弧线

连接前后衣片，肩线与侧缝用搭别的方法固定。观察胸围松量是否适合，在袖窿底适当加大胸围的松量，前后各加1.5cm左右，胸围松量大小视袖子的合体度而定，用标记带或者大头针标注前后袖窿弧线的位置，袖窿底弧线在胸围线上1cm的位置。注意弧线的圆顺，预留止口2cm，修剪袖窿弧线（图5-95、图5-96）。

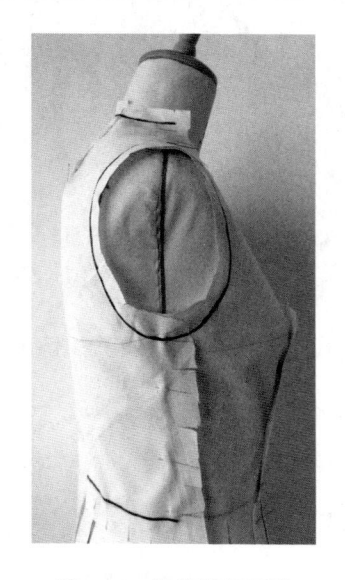

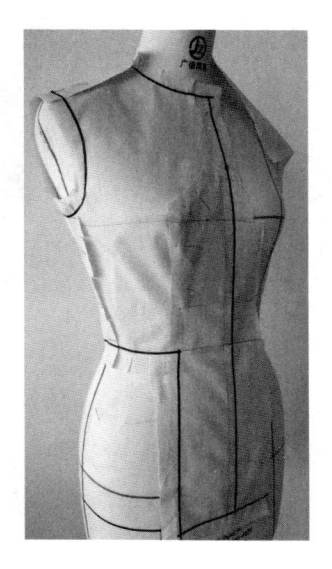

图5-95　修剪袖窿弧线　　　　图5-96　贴出拼接标记带

10. 制作下摆

根据下摆波浪的大小设定布料的尺寸。居中画出经纬纱向线，横向线与腰围线对合，竖向线与侧缝线对合，上中竖线打剪口，对称打开，将布料向两侧下方下拉，产生布纹褶量，用同样的方法，在产生褶浪的位置打剪口，下拉布料形成摆浪。前片与后片浪摆制作方法相同。修剪止口，保留1.5cm止口量（图5-97~图5-104）。

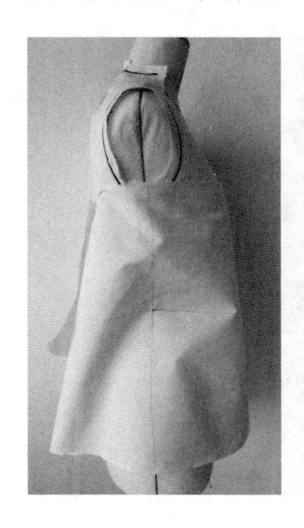

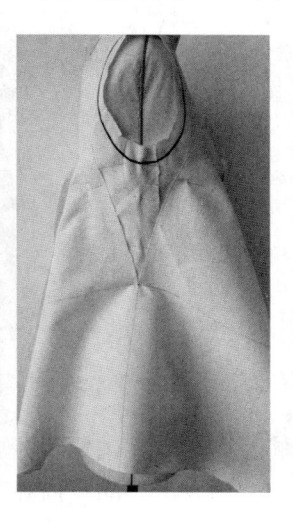

图5-97　固定褶浪布料　　图5-98　打剪刀口　　图5-99　下拉布料形成摆浪　　图5-100　后身摆浪

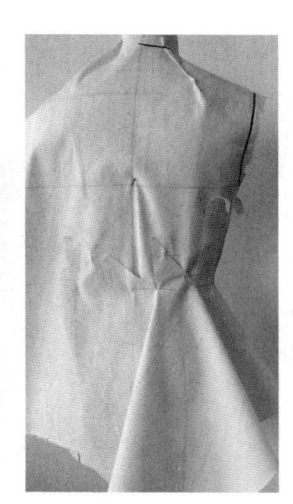

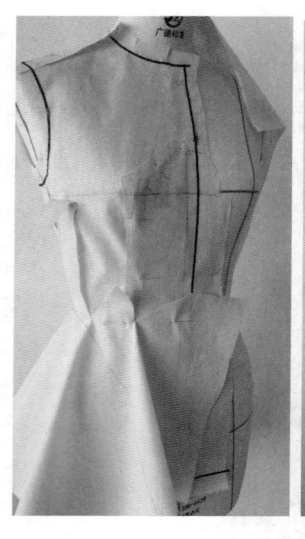

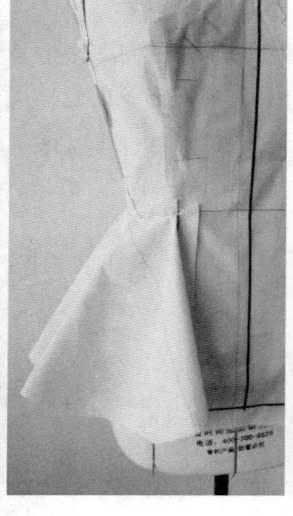

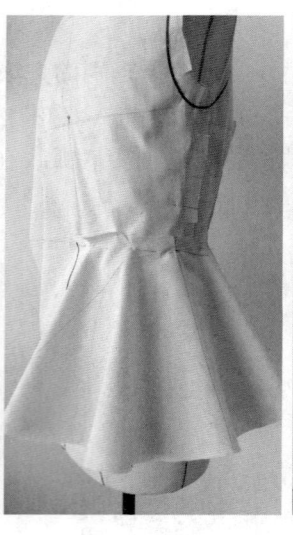

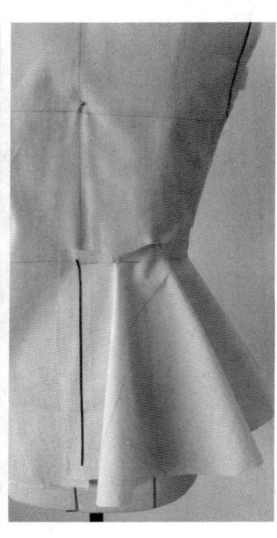

图5-101　前身摆浪　　图5-102　修剪止口　　图5-103　修剪止口1.5cm　　图5-104　贴出拼合线

11. 制作袖子

（1）根据袖长与喇叭袖的大小裁剪布料，居中绘制经纬纱向线，在袖头位置制作泡泡袖的褶量，中心线两侧各做两个褶裥，褶裥大小根据设计要求而定（图5-105、图5-106）。

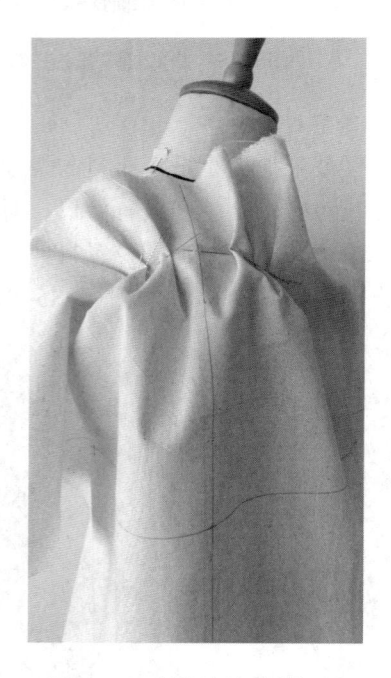

图5-105　固定袖子布料　　　　　　　　　图5-106　制作泡泡袖的褶量

（2）修剪袖头的止口量至2cm，在袖子前胸宽和后背宽的位置打剪口，将布料向内侧翻转，向内侧拉动布料，调整观察喇叭袖口的大小，用大头针固定袖窿底的位置，搭别前后袖窿侧边的拼缝线，观察袖子的形状（图5-107~图5-111）。

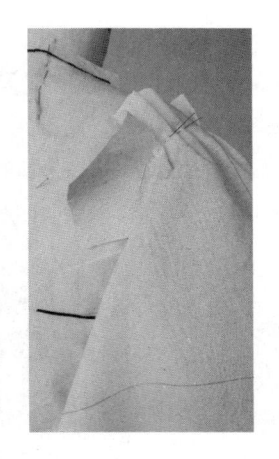

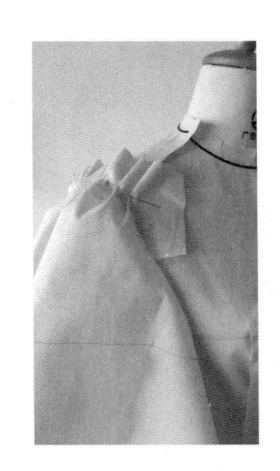

图5-107 固定褶裥　　图5-108 后背宽位置打剪刀口　　图5-109 前胸宽位置打剪刀口

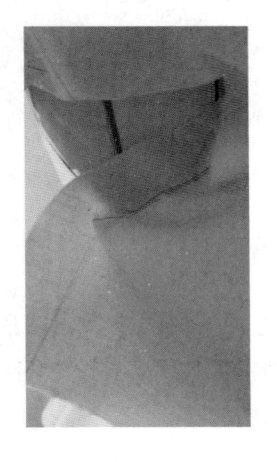

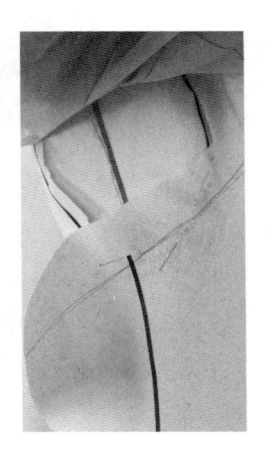

图5-110 侧边布料内翻　　图5-111 固定袖窿底弧线

（3）用标记带别出袖子下摆的位置，注意前后要对应平直，修剪止口量2cm。完成袖子的造型（图5-112、图5-113）。

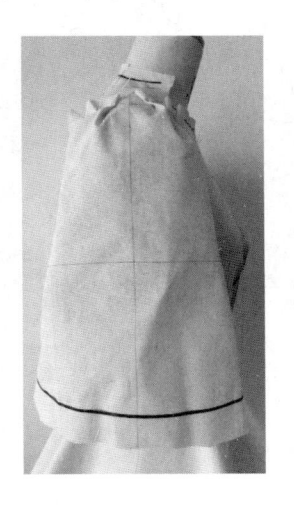

图5-112 标出袖子下摆　　图5-113 修剪袖摆止口

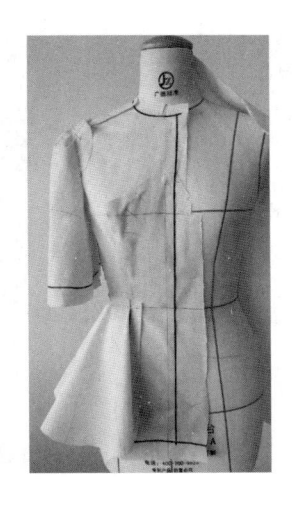

12. 制作大连翻领

（1）贴领窝线标记带，后领下降1cm，前领深根据款式设计下降相应的高度，侧领宽加宽，标记出前中领口对位点（图5-114、图5-115）。

（2）根据领子的大小裁剪布料，绘制后中线和水平横向线，注意连翻领使用45°斜纱向，横向线条下预留8~10cm（图5-116）。

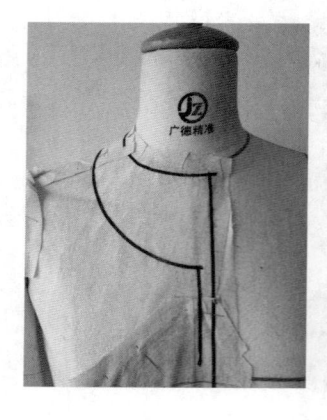

图5-114　贴出领窝线　　　图5-115　贴出领窝线　　　图5-116　取布画线

（3）对齐后中线，沿后衣身领窝线别三个大头针固定。领子内口线朝上，沿着领子止口线与衣身领窝线别和，内侧口布料向上提，与衣身领口线别和，领外口线向上翻折，观察领子在肩上是否平服，贴出外领口线修剪，完成连翻领造型。按照大头针别和的位置描点，取下领片，用打板尺和曲线板绘制圆顺的线条，完成领子的纸样制作（图5-117~图5-125）。

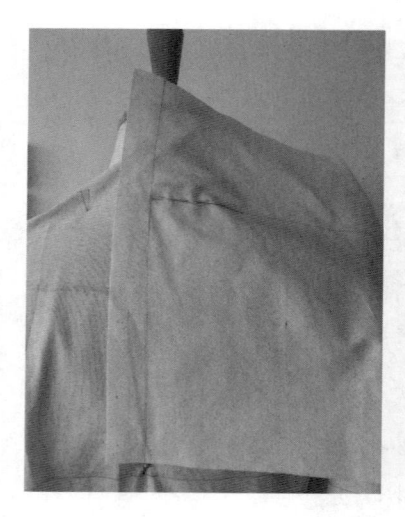

图5-117　固定后领中　　　图5-118　修剪领上布料　　　图5-119　翻折对齐后中线

图5-120　固定前领窝　　　图5-121　布料平服　　　图5-122　外领口打剪刀口

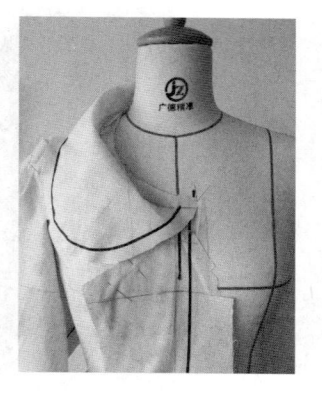

图5-123　打剪刀口　　　图5-124　修剪外领口线　　　图5-125　描点画线

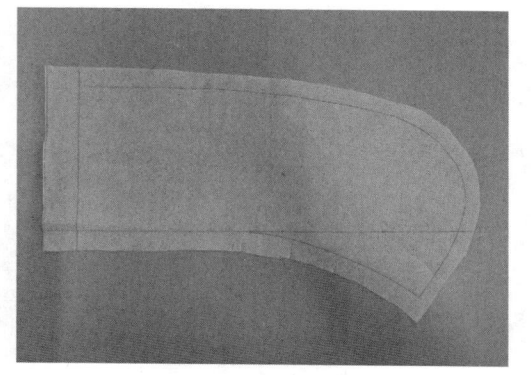

13. 完成结构衣片

在人台衣片上按照大头针和标记带的轨迹描点，拆下衣片，用打板尺和曲线板绘制出裁片结构。修剪缝份，保留缝份量1.5cm，将前片沿中线对折，修剪另外半片。用大头针假缝样衣，完成造型（图5-126~图5-131）。

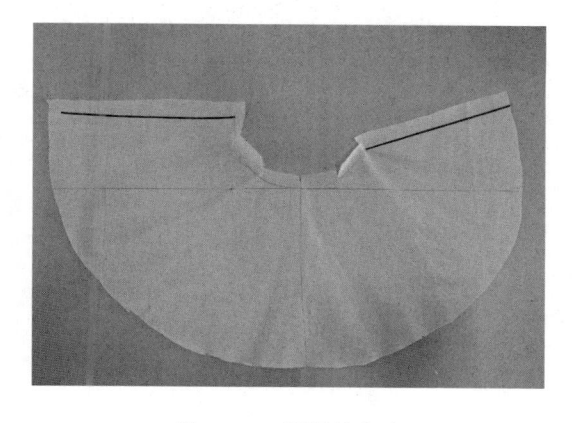

图5-126　侧摆的衣片　　　　　　　　图5-127　袖子衣片

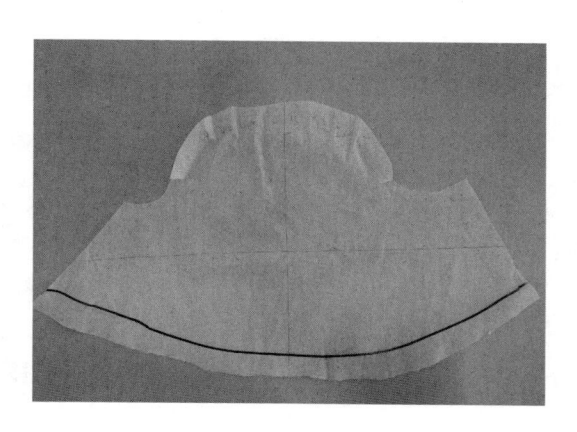

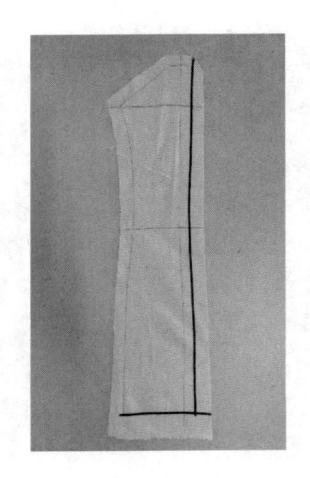

图5-128　前身衣片

图5-129　整体衣片

图5-130　前身造型

图5-131　后背造型

作业练习：设计一个系列（三款）女上装线稿，参考上衣立体造型步骤完成其中一款的制作。要求用立裁的方式制作上衣，使用纯棉白坯布，操作步骤规范，有横向、纵向参照线，针法整齐准确，结构位置准确，前身分割线、领型、袖型可自由设计，松度适中，布面熨烫平整。

项目六　裙装立体造型

上课时数：4课时

能力目标：通过教学，使学生掌握裙装及礼服立裁的基本方法，并能根据设计的款式制作出裙立体造型效果

知识目标：理解款式设计特点，合理分解服装结构并制作出立体效果

重　　点：裙装款式的结构分解

难　　点：裙的立体造型方法

课前准备：预习本课教授内容

一、中腰育克小喇叭合体裙

款式如图5-132所示。

裙子廓型：H廓型中腰小波浪摆裙。

结构要素：西装直筒裙型、育克、喇叭裙造型；前片——适量的腰部松量，腰省、育克、褶浪造型；后片——适量的腰部松量，腰省、褶浪造型。

二、操作步骤与要求

1. 坯布准备

取布量按照款式最宽部位+松量（3cm）+缝份量（2cm），画出竖向的前中线、后中线、侧缝剪开线、画出横向的腰围线、臀围线。

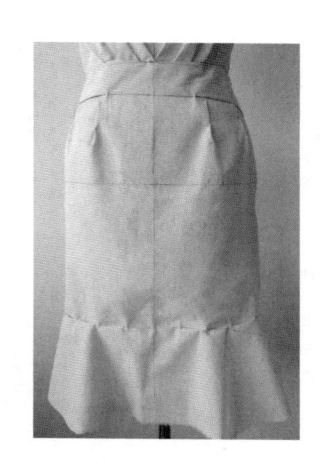

图5-132　H廓型中腰小波浪摆裙

2. 烫布

沿侧缝剪开线剪开，分出前后裙片，熨烫布料，将前片用布固定于人台，用大头针在前右侧边通过三对交叉针固定布料的上、中、下位置，使布料呈横平竖直状态，有适度松量，对齐人台的前中线、腰围线、臀围线。后片卷起钉在人台后身部位。

3. 制作前腰省

对齐前中与臀围线，位置不变，将腰部多余的布料顺着人体自然捏起，注意布料应平顺没有拉扯。将多余布料分配至两个省道，注意前省量不宜过大，以免形成腹部的隆起（图5-133、图5-134）。

4. 制作后腰省

对齐后中与臀围线，位置不变，将腰部多余的布料顺着人体自然捏起，注意布料应平顺没有拉扯。将多余布料分配至两个省道，注意前省道的间隔均匀（图5-135）。

5. 修剪侧边

前后片沿臀围线位置剪开，保留臀围的适量松度，前片侧缝线贴标记带，前后片臀围下的面料搭别，观察布料的垂直度与侧面裙型的线条流畅度。臀围上的前后片用抓别法固定，松度较臀围松度小，较为合体，修剪侧边，保留止口量2cm（图5-136、图5-137）。

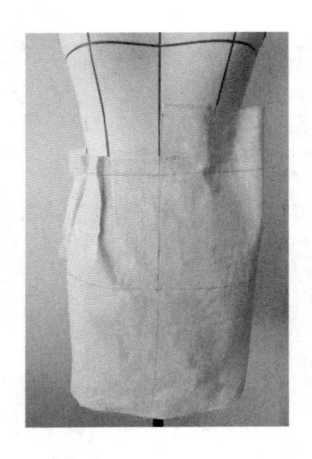

图5-133　制作前腰省　　　　图5-134　侧缝贴标记带

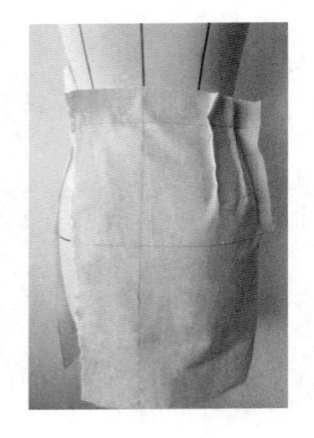

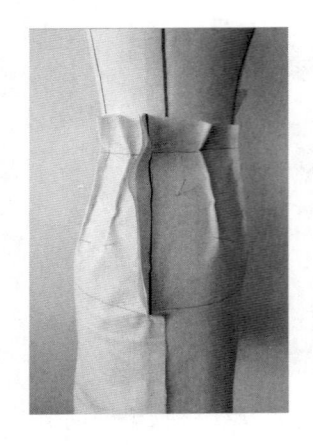

图5-135　制作后腰省　　　图5-136　前后侧缝别和　　　图5-137　省道处理

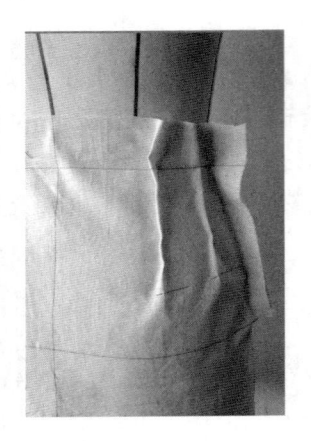

6. 描点划线

在人台衣片上按照大头针和标记带的轨迹描点，拆下衣片，用打板尺和曲线板绘制出裁片结构。修剪缝份，保留缝份量1.5cm，将前片沿中线对折，修剪另外半片。用大头针假缝样衣，用叠别法别和前后片侧缝线，前后片腰省边至边折叠省位，将线迹折在里面，基础西装直筒裙造型完成（图5-138~图5-144）。

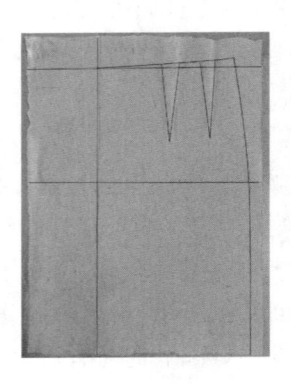

图5-138　描点划线　　　　图5-139　裙前衣片

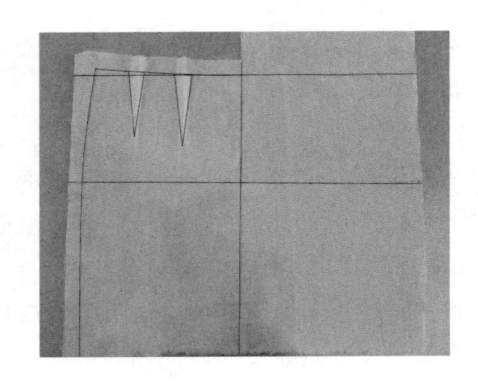

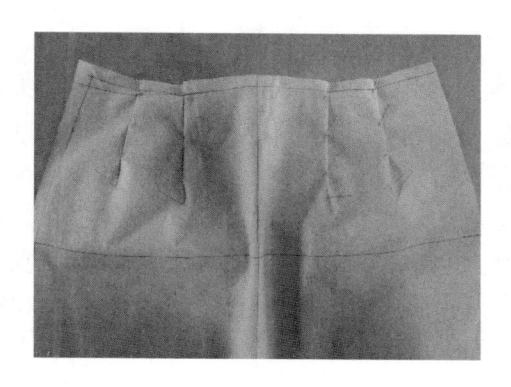

图5-140　别和后裙片省位　　　　　　　图5-141　别和后中缝

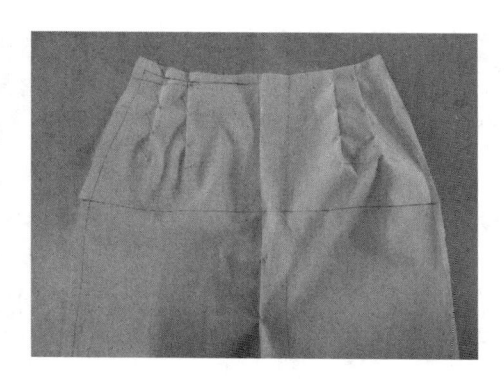

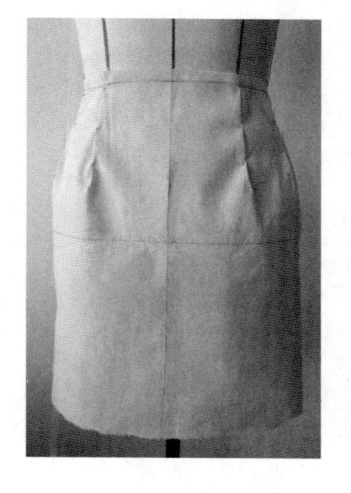

图5-142　别和前裙片省位　　图5-143　别和侧边　　图5-144　后裙片效果

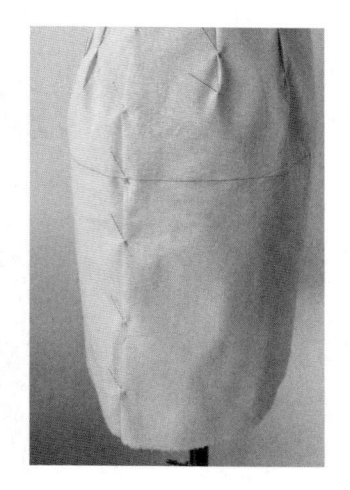

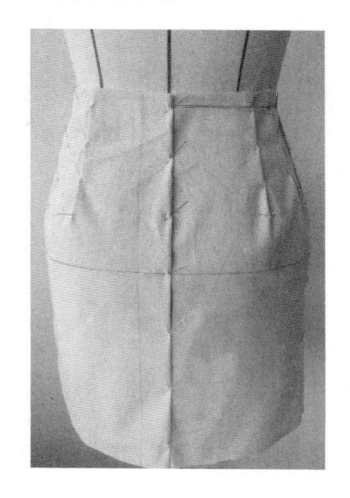

7. 款式变化育克的制作

（1）贴标记带。在裙子的腰部用标记带贴出育克的大小及弧度线条（图5-145、图5-146）。

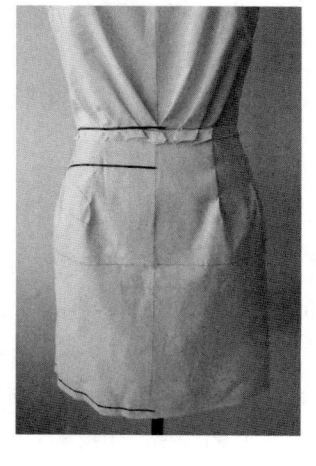

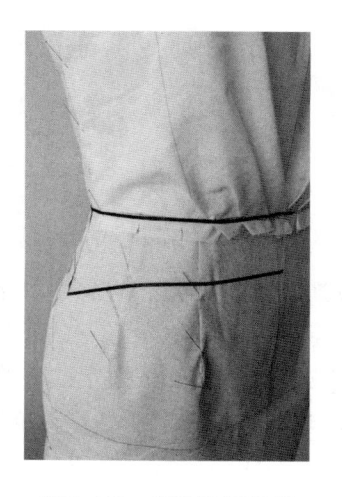

图5-145　贴标记带　　　　　　　　图5-146　侧边贴标记带

（2）制作方法。取布烫布，在布料上画出前中线和横向纱向线，分别对齐筒裙的前中线及腰围线。用大头针固定，将布料向左下抚平，上打剪口使其平服（图5-147）。

（3）描点划线。在人台衣片上按照大头针和标记带的轨迹描点，拆下衣片，用打板尺和曲线板绘制出裁片结构。修剪缝份，保留缝份量1.5cm，将前片沿中线对折，修剪另外半片。折烫止口后，用大头针将其与裙片固定（图5-148~图5-150）。

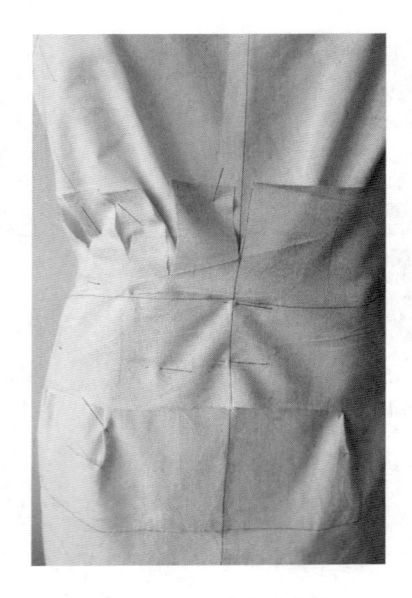

图5-147　对齐前中线

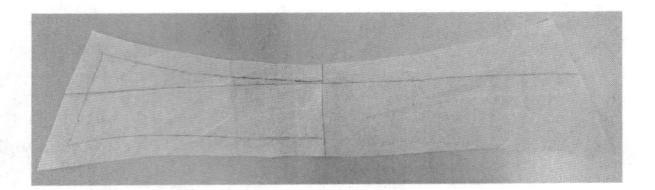

图5-148　描点划线

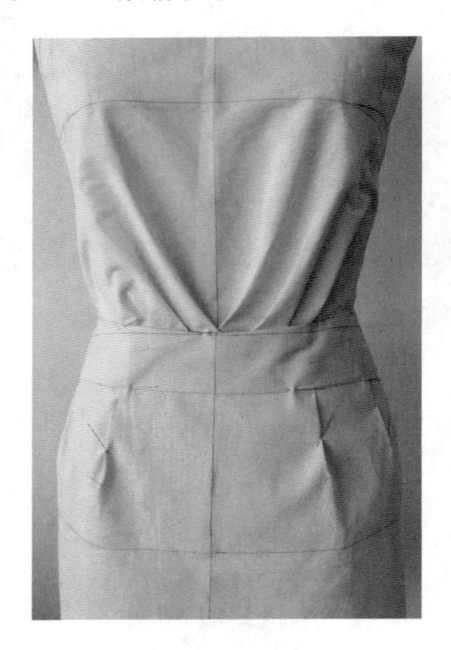

图5-149　前身效果

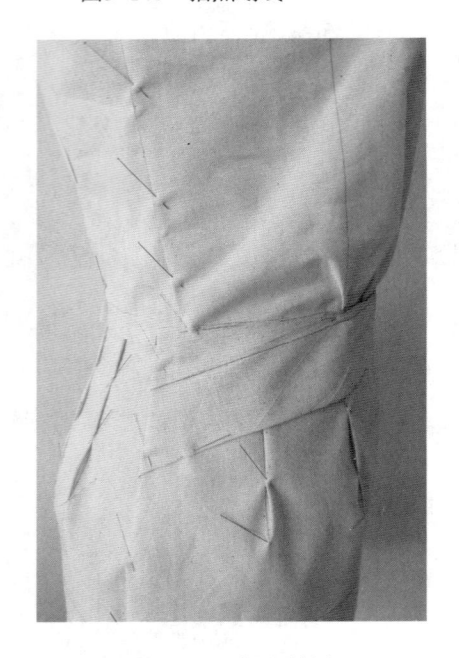

图5-150　侧边效果

8. 款式变化波浪的制作

（1）取布画线。根据波浪的大小取布、烫布，画出前中线与横向纱向线，注意横线上要预留较多的面料，波浪越大，预留的面料越多，横线下为波浪裙摆的长度。

（2）制作波浪。用搭别法固定横向线与直筒裙的裙摆，前中对齐。沿前中线剪开横向线以上的布料，至横线拼接缝，打开剪口同时向左下拉动布料，剪开打开布料的量越大，此处的波浪越大。用同样的方法，先用大头针固定制作波浪的位置，剪开打开上方的面料下拉（图5-151~图5-153）。

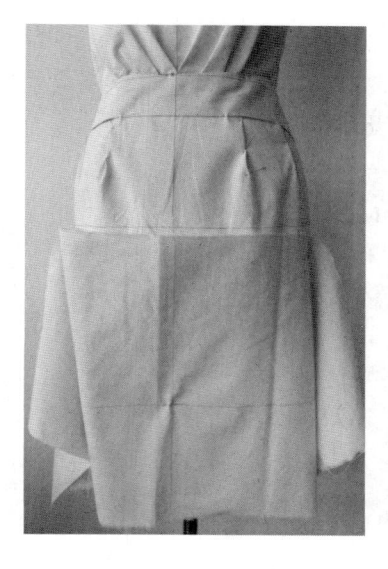

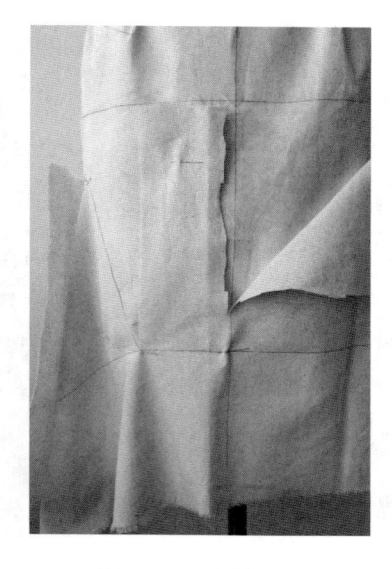

图5-151　前中对齐　　　　图5-152　打剪刀口　　　　图5-153　剪口位置打开

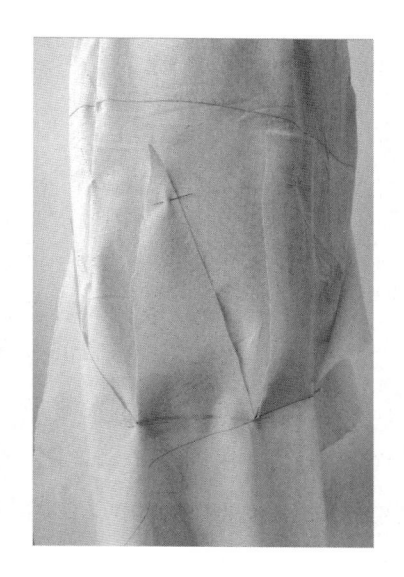

（3）画点描线。在人台衣片上按照大头针和标记带的轨迹描点，拆下衣片，用打板尺和曲线板绘制出裁片结构。修剪缝份，保留缝份量1.5cm，将前片沿中线对折，修剪另外半片。折烫止口后，用大头针将其与裙片固定，完成裙子的造型（图5-154~图5-157）。

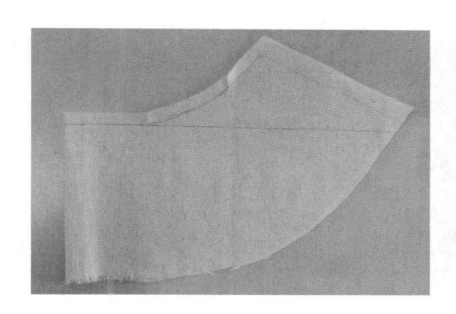

图5-154　画点描线　　　　　　　　　　图5-155　展开衣片

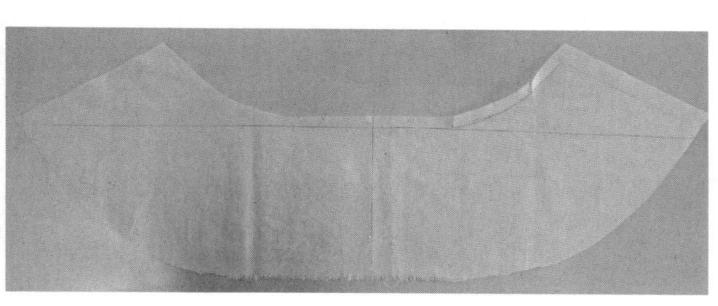

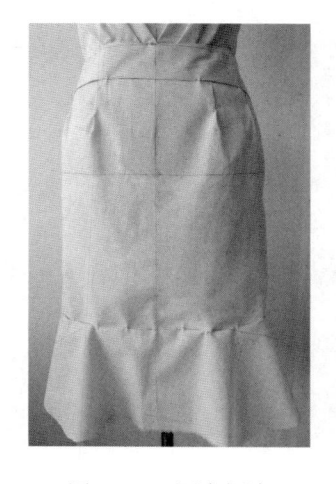

图5-156　固定摆浪　　　　图5-157　完成效果

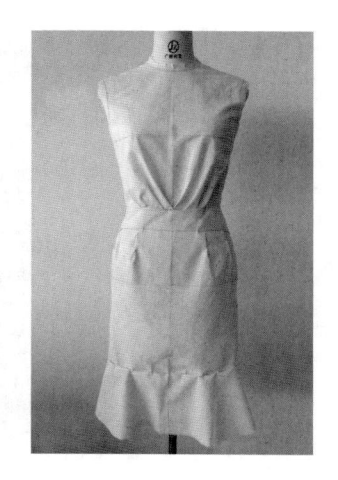

作业练习：设计一款小礼服。要求用立裁的方式制作，使用纯棉白坯布，操作步骤规范，有横向、纵向参照线，针法整齐准确，结构位置准确，布面熨烫平整，上身有省位转移、褶裥设计结合，收腰，裙摆有波浪摆设计。

参考文献

［1］李咏梅. 服装立体裁剪［M］. 上海：东华大学出版社，2009.
［2］赵晓霞. 时装画计算机表现技法［M］. 北京：中国青年出版社，2013.
［3］胡晓东. 服装设计图人体动态与着装表现技法［M］. 武汉：湖北美术出版社，2009.
［4］丁雯. CorelDRAW X5服装设计标准教程［M］. 北京：人民邮电出版社，2014.
［5］魏静. 成衣设计与立体造型［M］. 北京：中国纺织出版社，2011.

附录　学生作品赏析

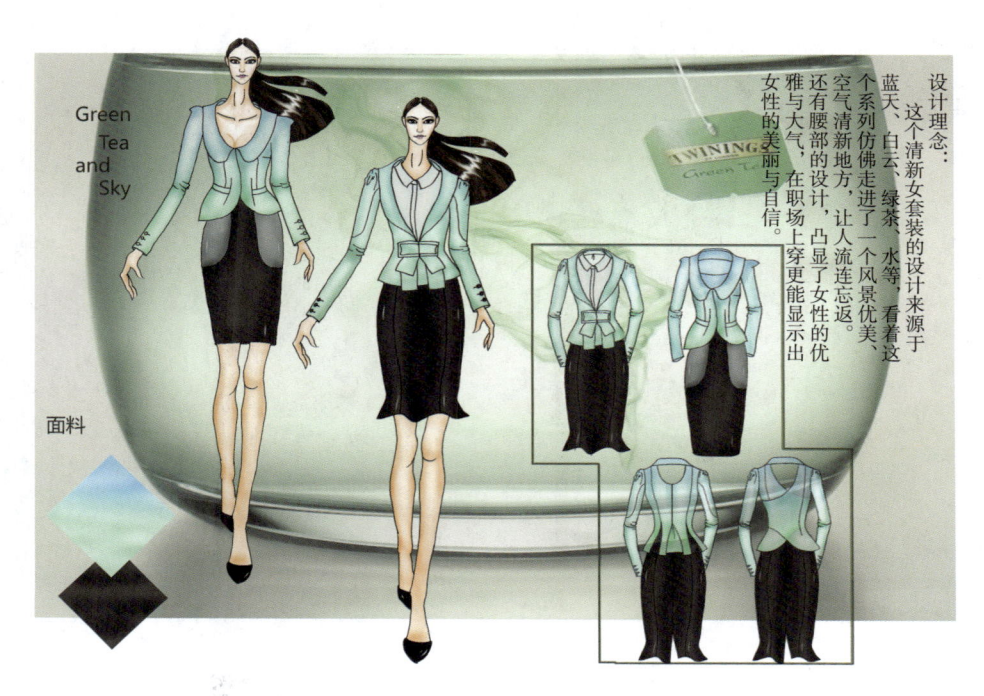

设计理念：这个清新女套装的设计来源于蓝天、白云、绿茶、水等，看着这个系列仿佛走进了一个风景优美、空气清新地方，让人流连忘返。还有腰部的设计，凸显了女性的优雅与大气，在职场上穿更能显示出女性的美丽与自信。

附图1　作者：姚燕林

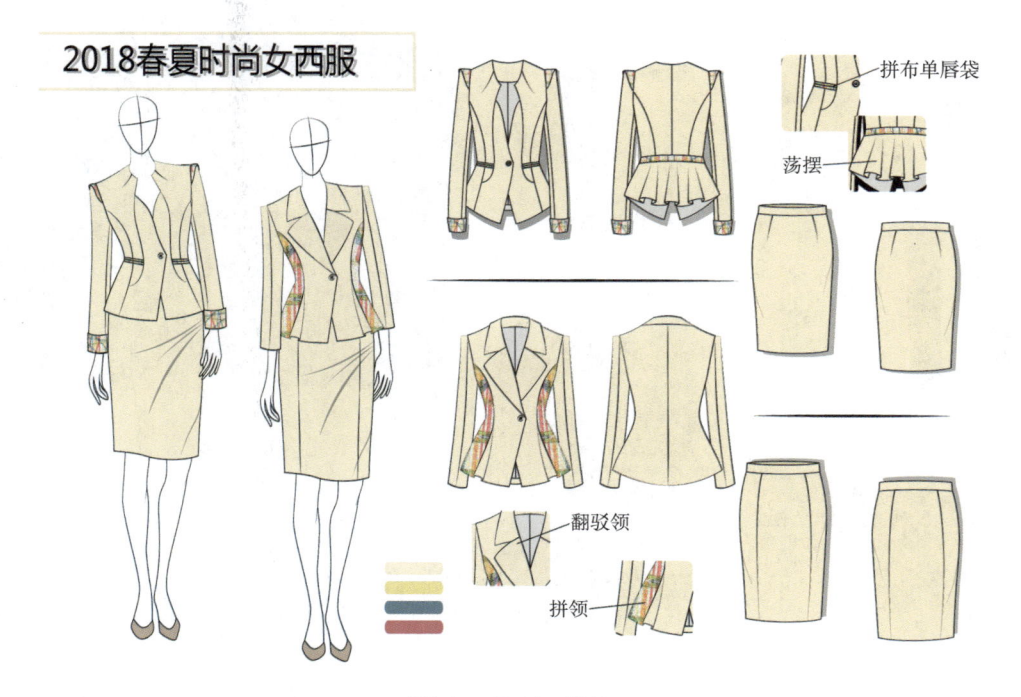

2018春夏时尚女西服

拼布单唇袋
荡摆
翻驳领
拼领

附图2　作者：赖婷

附图3　作者：陈铭

附图4　作者：苏嘉玲

附图5　作者：叶蕴谊

附图6　作者：陈怡静

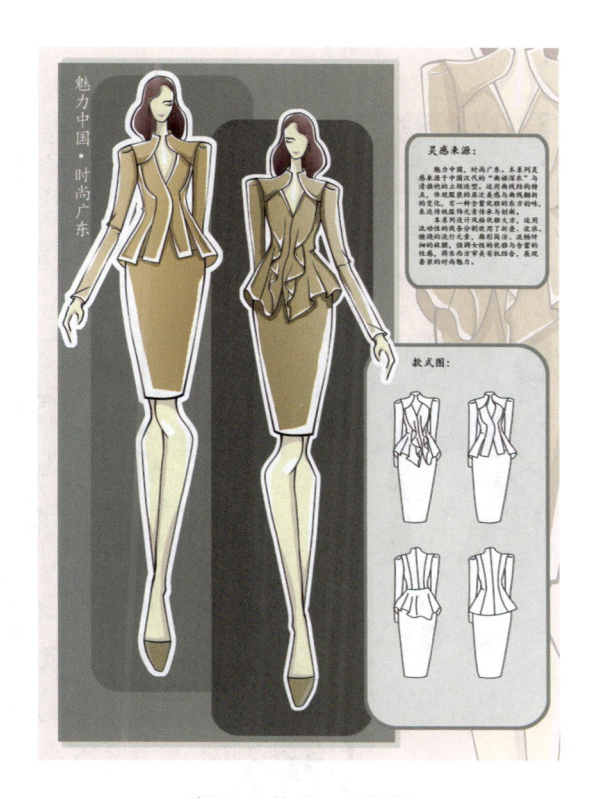

附图7　作者：彭树楠

附图8　作者：谢婷婷

附图9　作者：罗洁仪

附图10　作者：农源

附图11　作者：李雲怡

附图12　作者：叶蕴谊

附图13　作者：余杏娜

附图14　作者：苏嘉玲

附录　学生作品赏析 | 157

附图15　作者：余彩虹

附图16　作者：刘惠雯

附图17　作者：卢晓蓉

附图18　作者：欧芷晴

附图19　作者：黄晓琳

附图20　作者：卢晓蓉

附图21　作者：杨丽铃

附图22　作者：陈铭

附录 学生作品赏析 | 159

附图23　作者：郭启臻

附图24　作者：陈怡静

附图25　作者：刘杰

附图26　作者：姚燕林

附录　学生作品赏析 | 161

附图27　作者：喻支梅

附图28　作者：农源

附图29　作者：梁婉怡

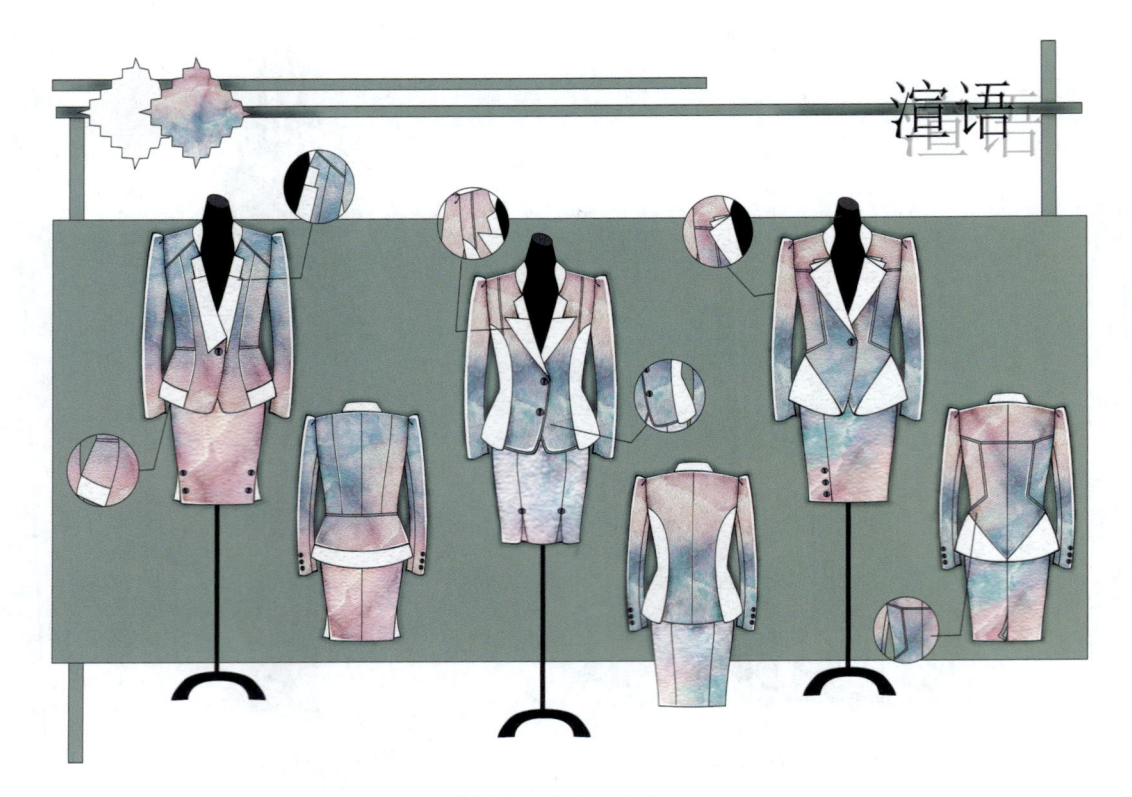

附图30　作者：陈若兰

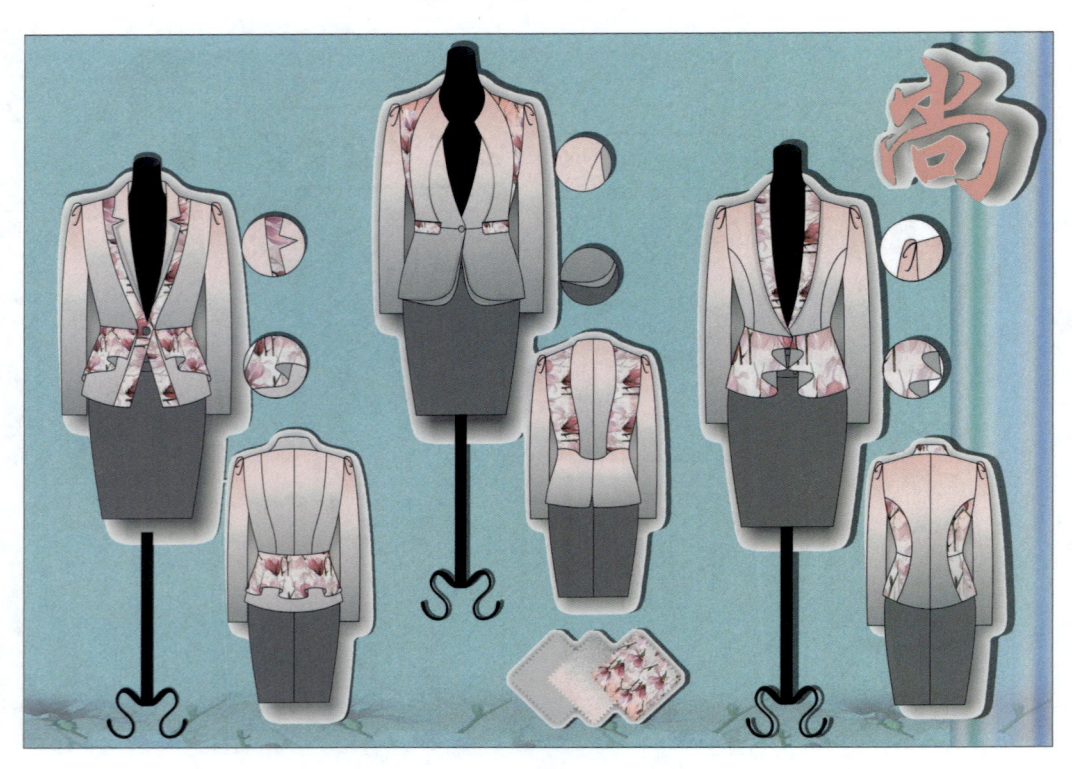

附图31　作者：陈淑芬

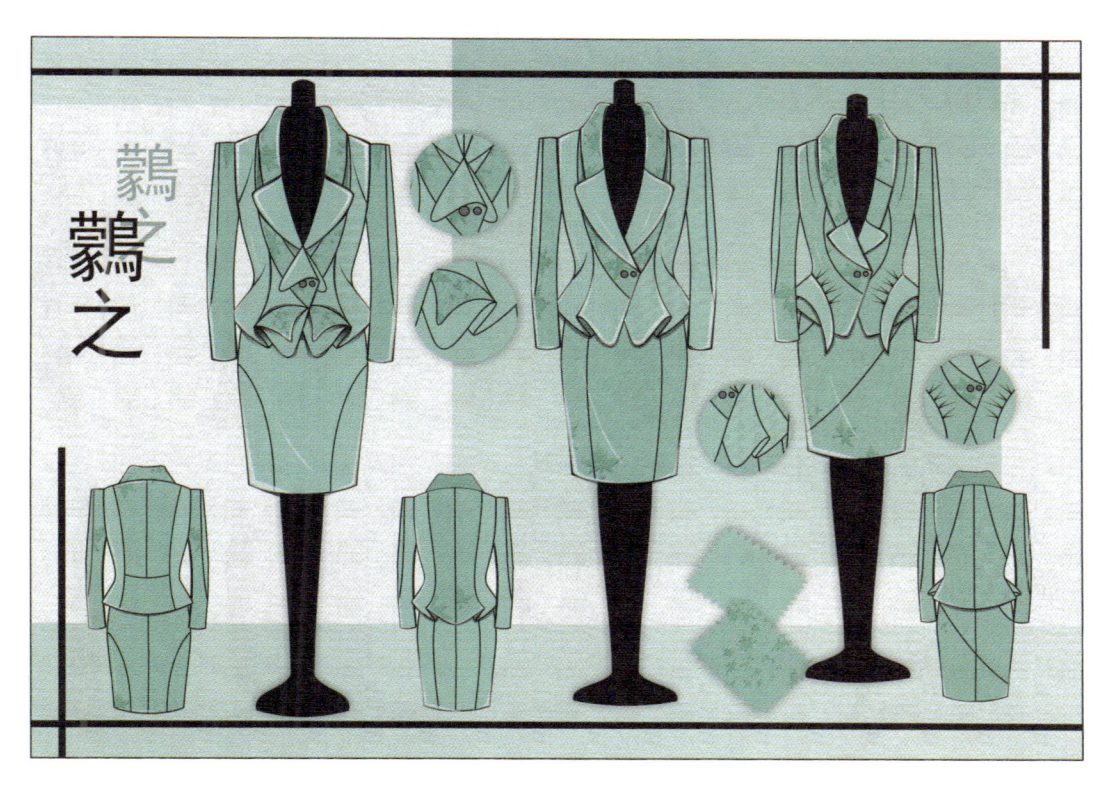

附图32　作者：胡燕菲

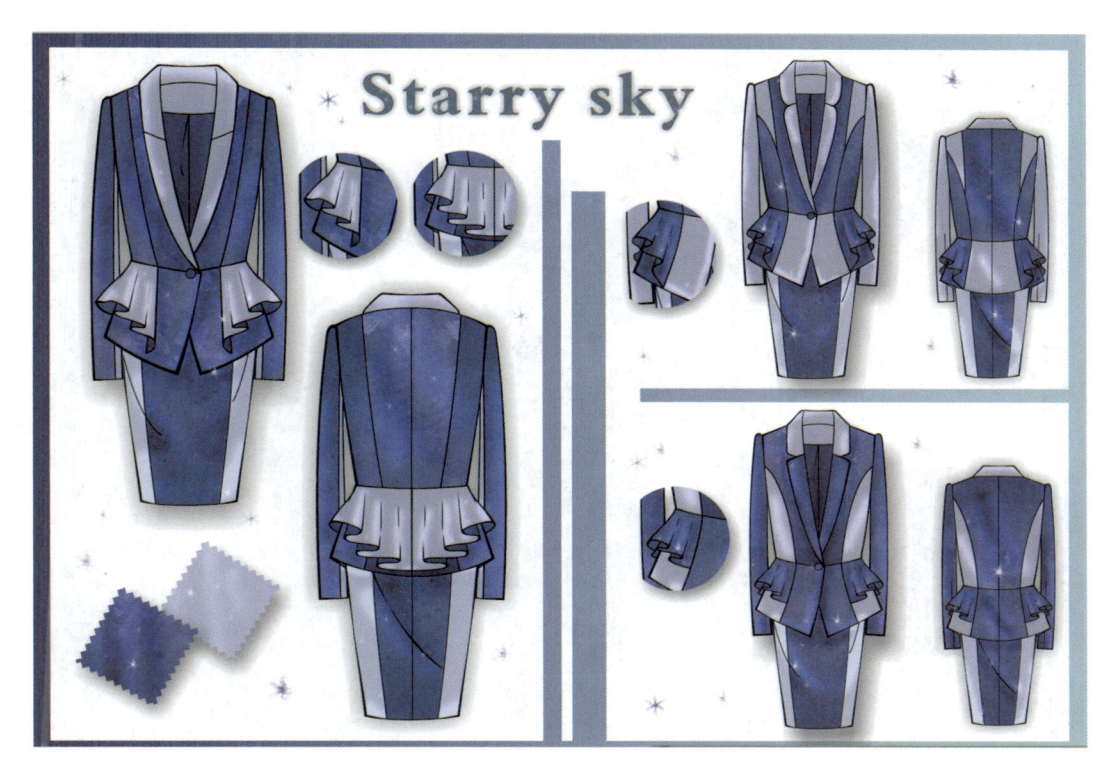

附图33　作者：卢晓蓉

附图34　作者：杨丽铃

附图35　作者：陈咏榆

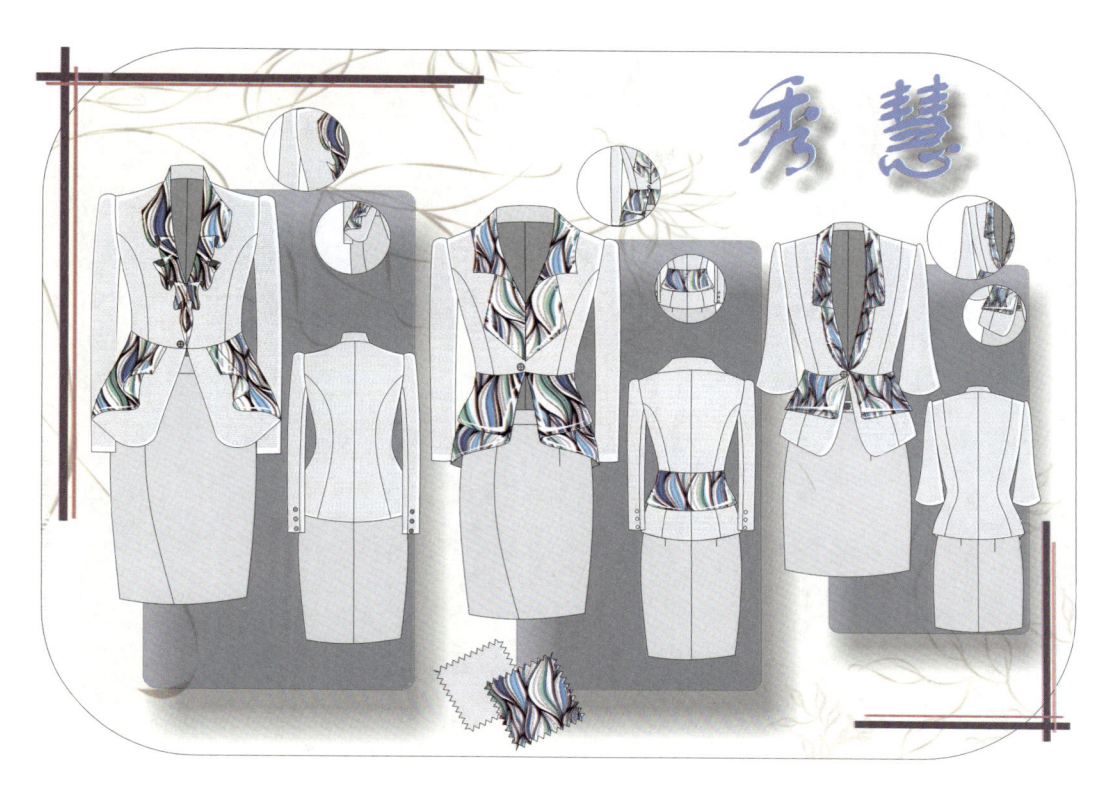

附图36　作者：黄婉媚

附图37　作者：叶蕴谊

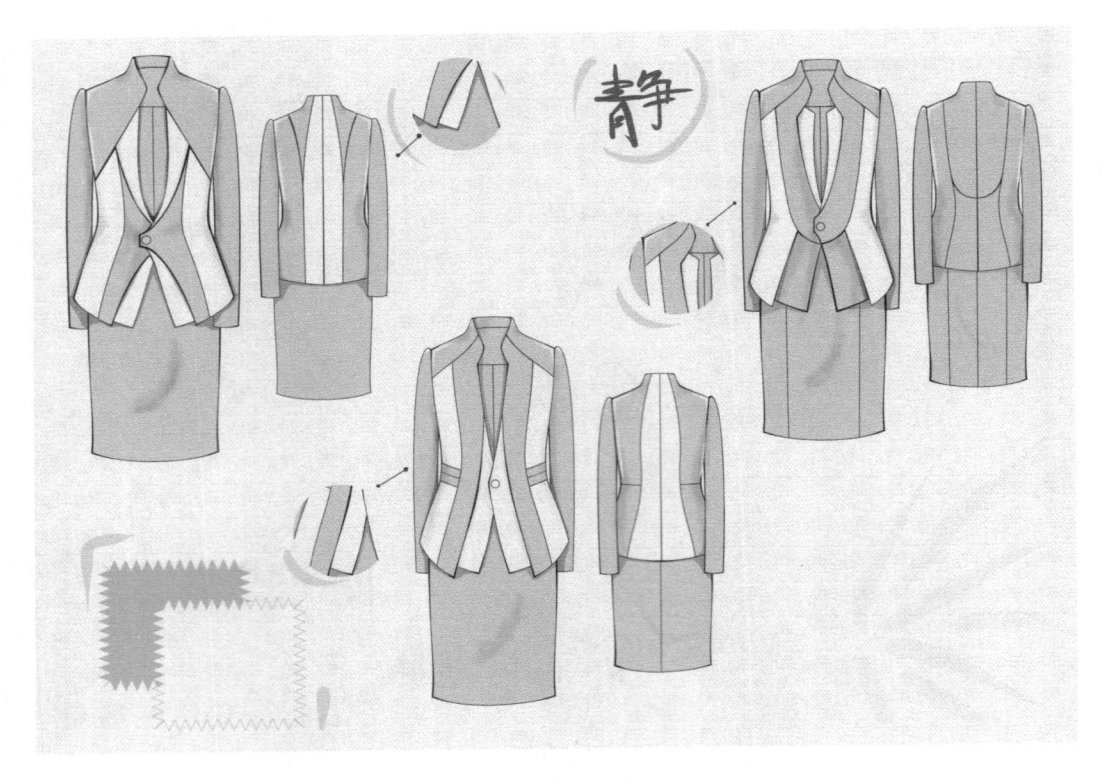

附图38　作者：杨林钰

附图39　作者：陈彦希

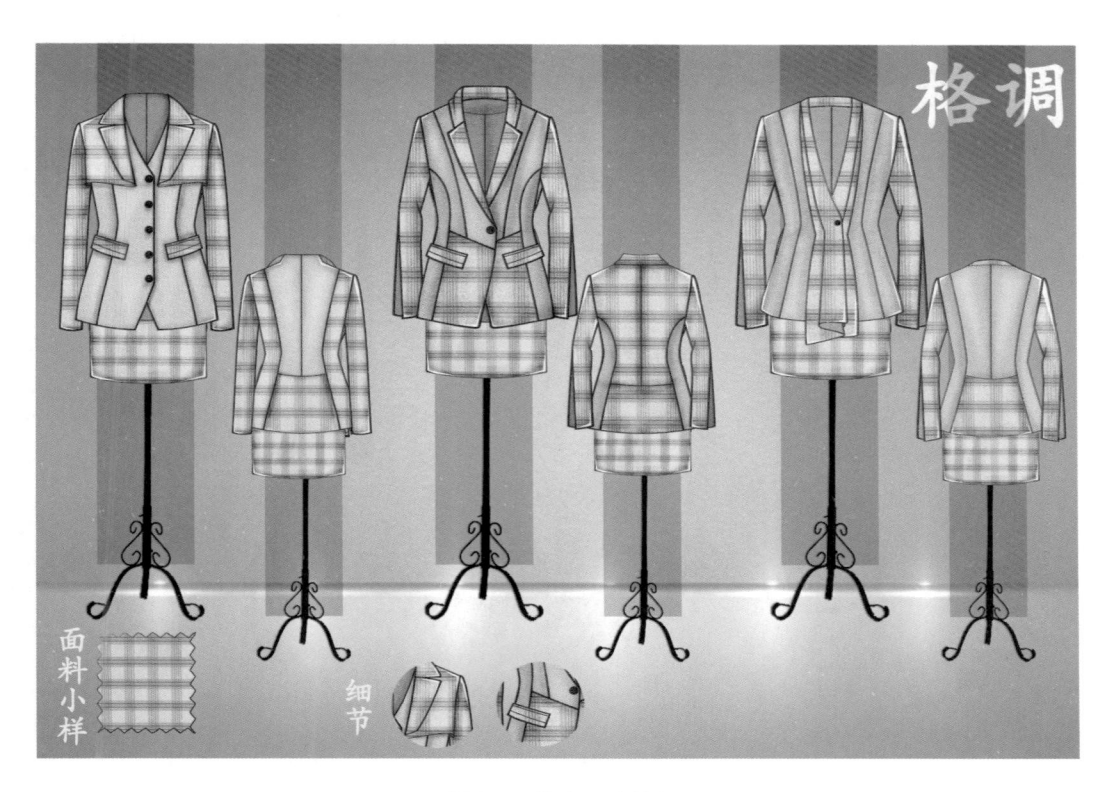

附图40　作者：陈怡静

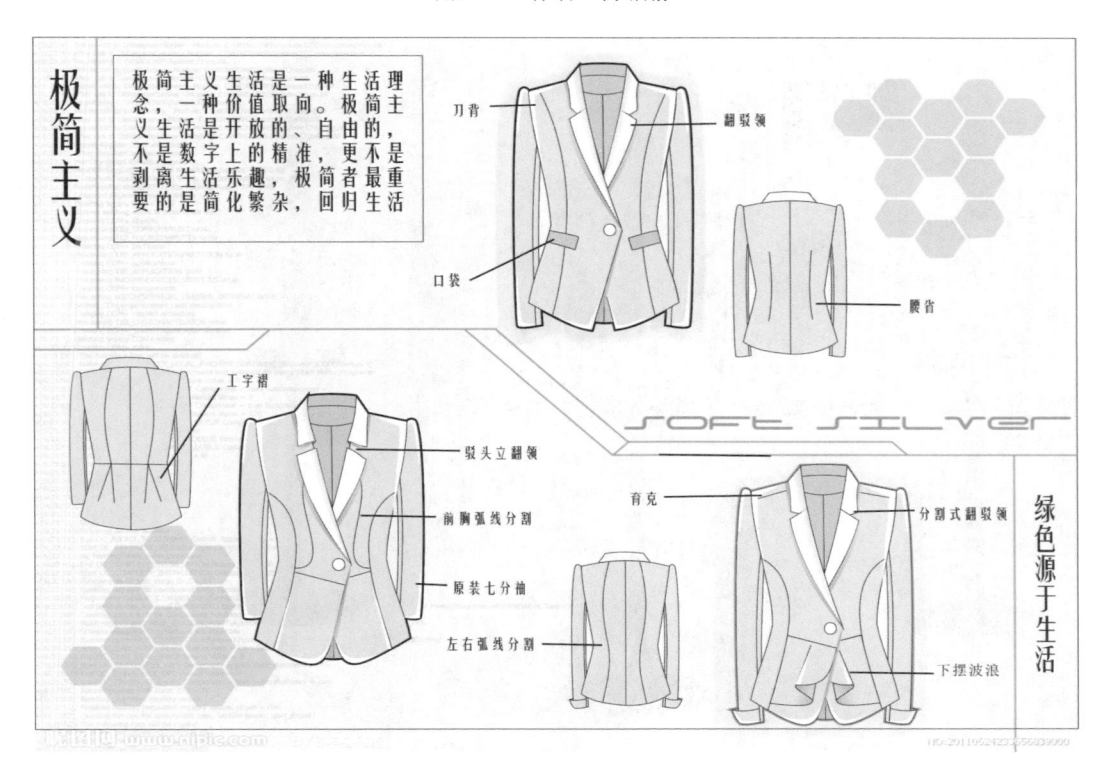

附图41　作者：廖添红

168 | 成衣设计与立体造型

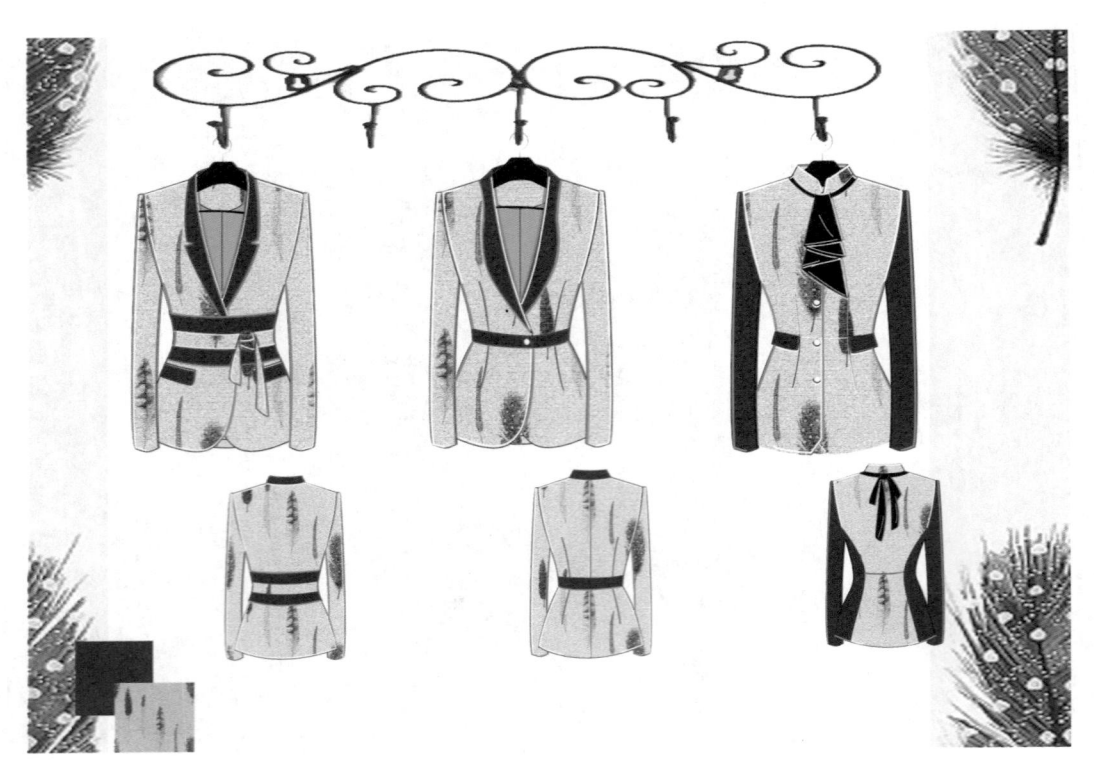

附图42　作者：刘惠雯

附图43　作者：苏嘉玲

附录　学生作品赏析 | 169

附图44　作者：杨经红

附图45　作者：胡燕菲

附图46　作者：黄燕珊

附图47　作者：黄艳桐

附图48　作者：叶蕴谊

附图49　作者：吴斯琪

附图50　作者：陈彦希

附图51　作者：陈怡静

附图52　作者：邓国雄

附图53　作者：冯美雪

附图54　作者：廖伟欣

附图55　作者：龙建香

附录 学生作品赏析 | 175

幻雪

附图56　作者：钟晏秋

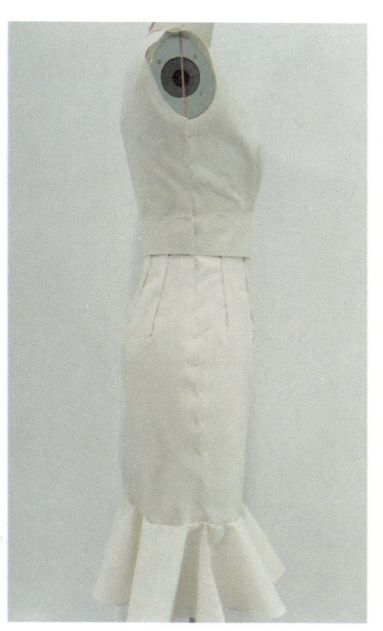

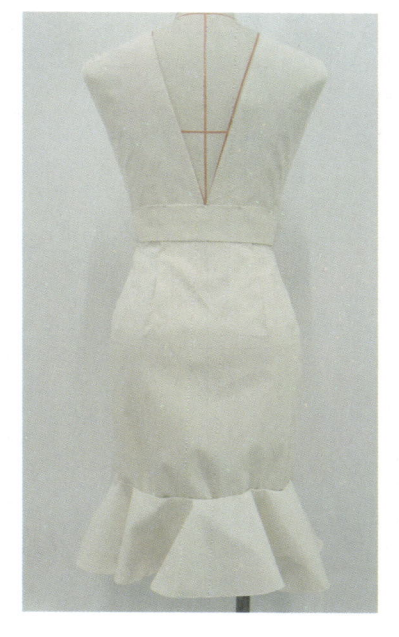

附图57　作者：胡剑玲

附图58　作者：吴雯静

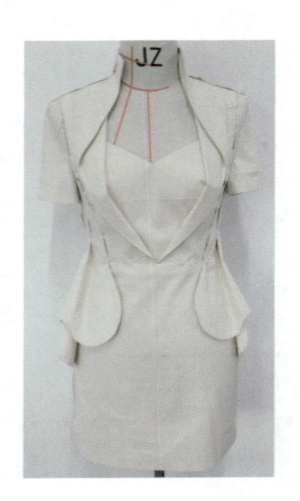

附图59　作者：胡剑玲

附图60　作者：吴雯静

附录 学生作品赏析 | 177

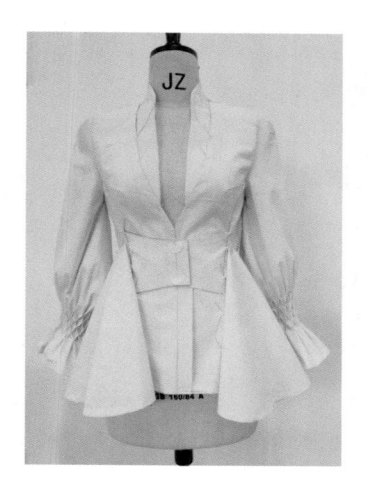

附图61　作者：阳芳

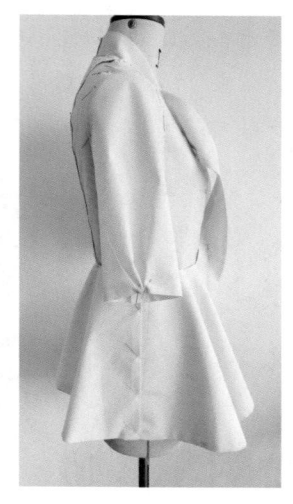

附图62　作者：吴雯静

附图63　作者：胡剑玲